高校入試 10日でできる 生命と地球

特長と使い方

◆1日4ページずつ取り組み，10日間で高校入試直前に弱点が克服でき，実戦力を強化できます。

試験に出る重要図表 図表の穴埋めを通して，重要な知識を身につけましょう。

Check／記述問題 一問一答の問題と定番の記述問題を解いてみましょう。

ここを
おさえる!
入試で問われることと，その対策をまとめています。

Check **記述問題**
各単元の重要事項を，一問一答と記述式の問題で確認できます。

入試実戦テスト 入試問題を解いて，実戦力を養いましょう。

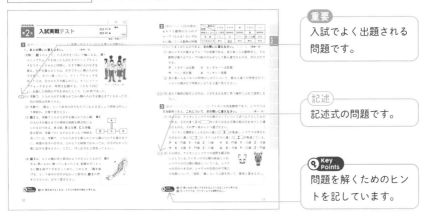

重要
入試でよく出題される問題です。

記述
記述式の問題です。

🔍 **Key Points**
問題を解くためのヒントを記しています。

◆巻末には「総仕上げテスト」として，総合的な問題や，思考力が必要な問題を取り上げたテストを設けています。10日間で身につけた力を試しましょう。

目次と学習記録表

◆学習日と入試実戦テストの得点を記録して，自分自身の弱点を見極めましょう。
◆1回だけでなく，復習のために2回取り組むことでより理解が深まります。

出題傾向

◆「理科」の出題割合と傾向

<「理科」の出題割合>

その他
約3%

生物
約24%

化学
約28%

地学
約22%

物理
約23%

<「理科」の出題傾向>

- 化学・物理・生物・地学の各分野からバランスよく出題されている。
- 化学・物理の分野では，実験の方法，結果，考察，注意点が重要なポイントになる。
- 生物・地学の分野では，基本的な内容についての知識とその理解，実験・観察では基本操作や結果をもとにした思考力などが問われる。

◆「生命(生物分野)と地球(地学分野)」の出題傾向

- 光合成や呼吸，蒸散に関する実験問題,唾液による消化に関する実験問題,減数分裂や,子や孫の形質を問う遺伝子の組み合わせに関する問題がよく出る。
- 地震に関する計算問題，大地の変化や地層の傾きについて考える問題，露点や湿度を求める問題,恒星や惑星の日周運動,年周運動についての問題が頻出。

合格への対策

◆実験・観察

実験器具の操作理由や実験の目的，注意点をとらえながら，科学的に調べる能力を身につけておきましょう。

◆自然現象の規則性

身のまわりの自然を科学的に調べる能力を問う問題が解けるよう,身近な自然現象にも興味・関心を持ち,その規則性を簡潔に説明する力をつけておきましょう。

◆グラフ

測定結果をもとにしてグラフを作成する場合は，測定値をはっきりと示すようにしましょう。

◆理科の解答形式

記号選択式が多いですが，記述式も増えてきているので，文章記述の練習をしておきましょう。

第1日 花のつくりと植物の分類

試験に出る重要図表

✎ [ ]にあてはまる語句を書きなさい。

❶ 種子植物の花のつくり

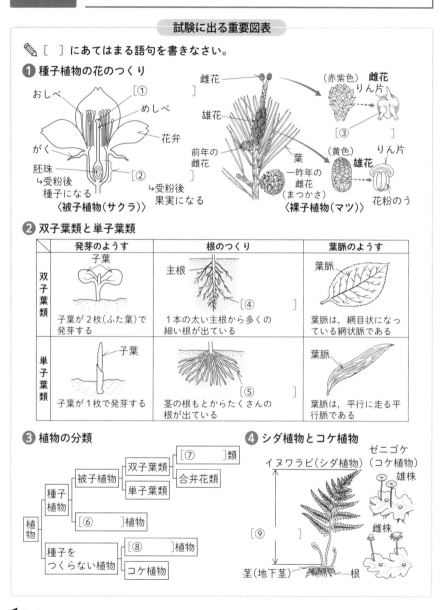

おしべ
[①　　　]
めしべ
花弁
がく
胚珠
↳受粉後
　種子になる
〈被子植物（サクラ）〉
[②　　　]
↳受粉後
　果実になる

雌花
雄花
前年の
雌花
葉
一昨年の
雌花
（まつかさ）
（赤紫色）雌花
りん片
[③　　　]
（黄色）雄花
りん片
花粉のう
〈裸子植物（マツ）〉

❷ 双子葉類と単子葉類

	発芽のようす	根のつくり	葉脈のようす
双子葉類	子葉 子葉が2枚（ふた葉）で発芽する	主根 [④　　　] 1本の太い主根から多くの細い根が出ている	葉脈 葉脈は，網目状になっている網状脈である
単子葉類	子葉 子葉が1枚で発芽する	[⑤　　　] 茎の根もとからたくさんの根が出ている	葉脈 葉脈は，平行に走る平行脈である

❸ 植物の分類

植物
　種子植物
　　被子植物
　　　双子葉類
　　　　[⑦　　　]類
　　　　合弁花類
　　　単子葉類
　　[⑥　　　]植物
　種子をつくらない植物
　　[⑧　　　]植物
　　コケ植物

❹ シダ植物とコケ植物

イヌワラビ（シダ植物）
ゼニゴケ（コケ植物）
雄株
雌株
[⑨　　　]
茎（地下茎）
根

解答 ①柱頭 ②子房 ③胚珠 ④側根 ⑤ひげ根 ⑥裸子 ⑦離弁花 ⑧シダ ⑨葉

① 植物の花・根・葉のつくりをおさえておこう。
② 植物のつくりから植物を分類できるようにしておこう。
③ 種子をつくらない植物の，ふえ方やからだのつくりのちがいを覚えておこう。

解答→別冊 1 ページ

Check1 種子植物の花のつくり（⇨試験に出る重要図表 ❶）

□① 被子植物の花のつくりで，いちばん外側にあるものを何というか。

[   ]

□② 花粉がめしべの柱頭につくことを何というか。 [   ]

□③ 花粉が柱頭につくと，やがて胚珠は何になるか。 [   ]

□④ マツの雌花と雄花で，胚珠がついているのはどちらか。 [   ]

Check2 被子植物の分類（⇨試験に出る重要図表 ❷）

□⑤ 子葉が 1 枚で，ひげ根をもつなかまを何というか。 [   ]

□⑥ 子葉が 1 枚の植物の葉脈はどのようになっているか。 [   ]

□⑦ 子葉が 2 枚の植物の根は，側根と何からできているか。 [   ]

□⑧ 子葉が 2 枚の植物の葉脈はどのようになっているか。 [   ]

Check3 植物の分類（⇨試験に出る重要図表 ❸）

□⑨ 種子植物のうち，子房がなく，胚珠がむき出しのなかまを何というか。

[   ]

□⑩ 被子植物の双子葉類のうち,花弁が 1 枚 1 枚離れているなかまを何というか。

[   ]

□⑪ 種子をつくらない植物は何をつくってなかまをふやすか。 [   ]

Check4 シダ植物とコケ植物（⇨試験に出る重要図表 ❹）

□⑫ シダ植物とコケ植物のうち，根，茎，葉の区別がある植物はどちらか。

[   ]

□⑬ イヌワラビの茎は，おもにどこにのびるか。 [   ]

記述問題 次の問いに答えなさい。

□被子植物と裸子植物の共通点を，簡単に書きなさい。

[   ]

第 1 日 **入試実戦テスト**

時間 20分
合格 80点

得点

／100

解答→別冊1ページ

1 【植物のからだ】アブラナとマツの花を，ルーペを用いて観察 図1
した。はじめに，採取したアブラナの花全体を観察した。その
後，アブラナの花を分解し，めしべの根もとのふくらんだ部分
を縦に切ったものを観察した。**図1**は，そのスケッチである。
次に，**図2**のマツの花**P**，**Q**からはがしたりん片を観察した。
図3は，そのスケッチである。**これについて，次の問いに答え
なさい。**（10点×4）〔愛媛−改〕

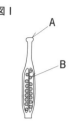

(1) アブラナの花全体を観察した
とき，花の中心にめしべが観
察できた。次の**a**〜**c**は，花
の中心から外側に向かってど
のような順についているか。
めしべに続けて**a**〜**c**の記号
を書きなさい。

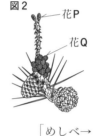

図2
花P
花Q

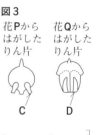

図3
花Pから
はがした
りん片

花Qから
はがした
りん片

C

D

［めしべ→　　　　→　　　　→　　　　］

a がく　　**b** おしべ　　**c** 花弁

重要 (2) **図1**と**図3**の**A**〜**D**のうち，花粉がついて受粉が起こる部分はどこか。次
の**ア**〜**エ**のうち，その組み合わせとして，適当なものを1つ選び，**ア**〜**エ**
の記号で書きなさい。　　　　　　　　　　　　　　　　　　［　　　］

ア A，C　　　　　**イ** A，D
ウ B，C　　　　　**エ** B，D

(3) 次の文の①，②の（　　）の中から，それぞれ適当なものを1つずつ選び，
その記号を書きなさい。　　　　　　　　　①［　　　］②［　　　］

　　アブラナとマツのうち，被子植物に分類されるのは①（**ア** アブラナ
イ マツ）であり，被子植物の胚珠は，②（**ウ** 子房の中にある　**エ**
むき出しである）。

1 (2) 裸子植物では胚珠に直接花粉がついて受粉する。
(3) 被子植物と裸子植物は，胚珠が子房の中にあるかどうかで分類できる。

2 【植物の分類】次の1〜3は，植物の観察会に参加したあきらさんとゆうさんの記録の一部である。**あとの問いに答えなさい。**（12点×5）〔栃木一改〕

1　近所の畑でサクラとキャベツを観察し，サクラの花の断面（**図1**）とキャベツの葉のようす（**図2**）をスケッチした。

 図1　X 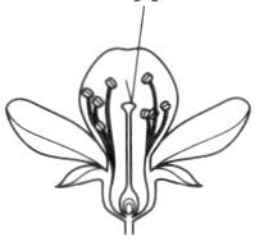
 図2 
 図3

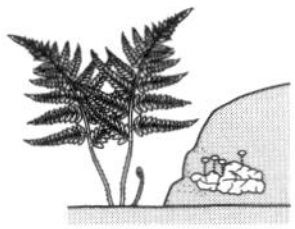

2　学校でイヌワラビとゼニゴケのようす（**図3**）を観察した。イヌワラビは土に，ゼニゴケは土や岩に生えていることを確認した。

3　観察した4種類の植物を，子孫のふえ方に基づいて，**P**（サクラ，キャベツ）と**Q**（イヌワラビ，ゼニゴケ）になかま分けした。

(1) **図1**の**X**のような，めしべの先端部分を何といいますか。　［　　　　　　］

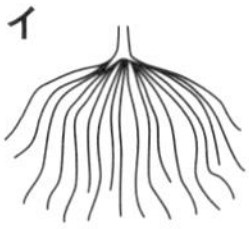

(2) 右の図のうち，**図2**のキャベツの葉のつくりから予想される根の特徴を表したものはどれですか。　［　　　　］

 ア
 イ

(3) 次の文章は，土がない岩でもゼニゴケが生活することのできる理由について，水の吸収にかかわるからだのつくりに着目してまとめたものである。このことについて，①，②にあてはまる語句をそれぞれ書きなさい。

①［　　　　　　　］②［　　　　　　　　］

イヌワラビと異なり，ゼニゴケは（　①　）の区別がなく，水を（　②　）から吸収する。そのため，土がなくても生活することができる。

(記述)(4) 次の［　　　］内は，観察会を終えたあきらさんとゆうさんの会話である。

> あきら　「校庭のマツは，どのようになかま分けできるかな。」
> ゆう　　「観察会でPとQに分けた基準で考えると，マツはPのなかまに入るよね。」
> あきら　「サクラ，キャベツ，マツは，これ以上なかま分けできないかな。」
> ゆう　　「サクラ，キャベツと，マツの二つに分けられるよ。」

ゆうさんは，（サクラ，キャベツ）と（マツ）をどのような基準でなかま分けしたか。「胚珠」という語を用いて，簡単に書きなさい。

［　　　　　　　　　　　　　　　　　　　　　　　　　　　　　　　　　　　　　］

 Key Points **2** (2) キャベツの葉脈は，網状脈である。

第2日 動物のからだのつくりと分類

試験に出る重要図表

✎ [ ] にあてはまる語句を書きなさい。

① セキツイ動物の分類

	魚 類	両 生 類	は 虫 類	鳥 類	ほ 乳 類
生活場所	水中	水中，水辺	陸上	陸上	陸上（水中もある）
体表のようす	うろこ	粘液質の皮膚	うろこ，こうら	羽毛	毛
運動の方法	ひれ	子：ひれ 親：あし	あし	翼，あし	あし，手
呼 吸	えら呼吸	子：えら呼吸 親：肺呼吸	[①]呼吸	肺呼吸	肺呼吸
子の生まれ方	卵生	卵生	卵生	卵生	[②]
例	コイ，イワシ	カエル，イモリ	トカゲ，ヘビ	ツバメ，ハト	イルカ，ライオン

② 動物の分類

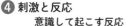

```
                              胎生 ─────────────── ［ほ乳類］
          背骨がある       陸上に 体表は羽毛 ──── ［鳥 類］
          セキツイ動物     産卵   体表はうろこ ── ［③      ］
動物                      卵生   水中に 親は肺・皮膚呼吸 ─ ［④      ］
                              産卵   親もえら呼吸 ── ［魚 類］
          背骨がない       あしに節がある ──── ［⑤      ］動物
          無セキツイ動物   あしに節がない ──── 軟体動物・その他
```

③ 無セキツイ動物

[⑥]がない。
バッタ（節足動物）
外骨格を持つ。

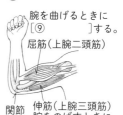

タコ
（軟体動物）

④ 刺激と反応

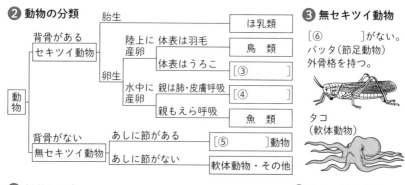

意識して起こす反応

脳
まとめて中枢神経
［⑦ ］
感覚器官
まとめて末しょう神経
筋肉
脊髄
［⑧ ］

無意識に起こる反応（反射）

感覚器官
筋肉
脊髄

⑤ 筋肉のはたらき

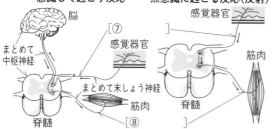

腕を曲げるときに［⑨ ］する。
屈筋（上腕二頭筋）
関節
伸筋（上腕三頭筋）
腕をのばすときに収縮する。

解答 ①肺 ②胎生 ③は虫類 ④両生類 ⑤節足 ⑥背骨 ⑦感覚神経 ⑧運動神経 ⑨収縮

ここを
おさえる!

① **セキツイ動物の種類と特徴を整理しておこう。**
② 無セキツイ動物の**からだのつくりの特徴をおさえておこう。**
③ **神経系のつくり,刺激や命令の信号が伝わるしくみをおさえておこう。**

解答→別冊1ページ

Check1　セキツイ動物のからだのつくり （⇨試験に出る重要図表❶❷）

□① 卵を産んでなかまをふやすふやし方を何というか。　［　　　　　］

□② 子と親で呼吸のしかたが変わるのは,何類の動物か。　［　　　　　］

Check2　無セキツイ動物のからだのつくり （⇨試験に出る重要図表❷❸）

□③ 無セキツイ動物で,あしに節がある動物を何というか。　［　　　　　］

□④ ③の動物のからだをおおう,かたい殻を何というか。　［　　　　　］

□⑤ 無セキツイ動物で,イカやタコ,貝などのなかまを何というか。

［　　　　　］

Check3　刺激と反応 （⇨試験に出る重要図表❹）

□⑥ 感覚器官からの刺激の信号を脳や脊髄に伝えるはたらきをする神経を何というか。　［　　　　　］

□⑦ 脳や脊髄からの命令の信号を,運動器官に伝えるはたらきをする神経を何というか。　［　　　　　］

□⑧ ⑥や⑦の神経をまとめて何というか。　［　　　　　］

□⑨ 脳や脊髄のような神経をまとめて何というか。　［　　　　　］

□⑩ 刺激に対して無意識に起こる反応を何というか。　［　　　　　］

Check4　筋肉のはたらき （⇨試験に出る重要図表❺）

□⑪ 骨と骨がつながっていて,動くようになっている部分を何というか。

［　　　　　］

記述問題　次の問いに答えなさい。

□魚類や両生類の卵には殻がないが,鳥類やは虫類の卵には殻がある。殻がある卵の利点として考えられることを簡単に書きなさい。

［　　　　　　　　　　　　　　　　　　　　　　　　　　　　　　　］

第2日 **入試実戦テスト**

解答→別冊2ページ

1 【動物のからだのつくりとはたらき】刺激に対する人の反応を調べる実験を行った。**あとの問いに答えなさい。**(10点×4)〔岐阜-改〕

〔実験〕　**図1**のように，6人が手をつないで輪になる。
ストップウォッチを持った人が右手でストップウォッチをスタートさせると同時に，右手で隣の人の左手を握る。左手を握られた人は，右手でさらに隣の人の左手を握り，次々に握っていく。ストップウォッチを持った人は，自分の左手が握られたら，すぐにストップウォッチを止め，時間を記録する。これを3回行い，記録した時間の平均を求めたところ，1.56秒であった。

図1

ストップウォッチ

重要 (1) 実験で，1人の人が手を握られてから隣の人の手を握るまでにかかった平均の時間は何秒ですか。　　　　　[　　　　　　　　]

(2) 実験で，「握る」という命令の信号を右手に伝える末しょう神経は何という神経か。言葉で書きなさい。　　　　　[　　　　　　　　]

(3) **図2**は，実験で1人の人が手を握られてから隣の人の手を握るまでの神経の経路を模式的に示したものである。**A**は脳，**B**は皮膚，**C**は脊髄，**D**は筋肉，実線（―）はそれらをつなぐ神経を表している。実験で，1人の人が手を握られてから隣の人の手を握るまでに，刺激や命令の信号は，どのような経路で伝わったか。信号が伝わった順に記号を書きなさい。ただし，同じ記号を2度使ってもよい。

図2
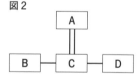

[　　　　　　　　]

(4) **図3**は，ヒトの腕の骨と筋肉のようすを示したものである。熱いものに触ってしまったとき，意識せずにとっさに腕を曲げて手を引っこめた。このとき，「腕を曲げる」という命令の信号が伝わった筋肉は，**図3**の**ア**，**イ**のどちらか。記号で書きなさい。　　　　　[　　　]

図3
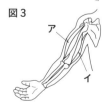
ア
イ

1 (4) 腕を曲げるときは，どちらの筋肉が縮むか考える。

10

2 【動物のなかま】右の表は，セキツイ動物の５つのグループ（なかま）のいずれかに属している動物の特徴についてまとめたものである。**次の問いに答えなさい。**（10点×４）〔長崎−改〕

特徴＼動物名	メダカ	ウサギ	A	イモリ	ハト
呼吸のしかた	えら呼吸	肺呼吸	肺呼吸	B	肺呼吸
体　表	うろこ	毛	うろこ	湿った皮膚	羽毛
子の生まれ方	卵生	<u>胎生</u>	卵生	卵生	卵生

(1) 表のメダカが属するグループは魚類である。表の**A**に入る動物名と，その動物が属するグループの組み合わせとして最も適当なものは，次のどれですか。　　　　　　　　　　　　　　　　　　　　　　　　　　[　　　]

　　ア　トカゲ・は虫類　　**イ**　カンガルー・ほ乳類
　　ウ　ワニ・両生類　　　**エ**　ペンギン・鳥類

(2) 表の**B**に入るイモリの呼吸のしかたについて，親は２通りの呼吸を行う。イモリの親が行う呼吸のしかたを２通り答えなさい。

　　　　　　　　　　　　　　　　　[　　　　　　　] [　　　　　　　　]

(記述) (3) 表の下線部の胎生とは何か。子が生まれる前に育つ場所にふれて説明しなさい。[　　　　　　　　　　　　　　　　　　　　　　　　　　　　　]

3 【動物のからだのつくりとはたらき】ライオンは肉食動物であり，シマウマは草食動物である。**これについて，次の問いに答えなさい。**（10点×２）〔香川−改〕

(1) 次の文は，ライオンとシマウマの歯のつくりについて述べようとしたものである。文中の**X〜Z**の[　　]内にあてはまる言葉の組み合わせとして適当なものを，下の**ア〜エ**から１つ選びなさい。　　　　　　　　[　　　]

　　　ライオンは獲物をしとめるのに適した[　**X**　]が発達し，シマウマは草をかみ切るのに適した[　**Y**　]と，すりつぶすのに適した[　**Z**　]が発達している。

　　ア　X…門歯　Y…犬歯　Z…臼歯　　　**イ**　X…門歯　Y…臼歯　Z…犬歯
　　ウ　X…犬歯　Y…門歯　Z…臼歯　　　**エ**　X…犬歯　Y…臼歯　Z…門歯

(記述) (2) 右の図は，ライオンとシマウマの視野を模式的に示している。ライオンの目は顔の前面につき，シマウマの目は顔の側面についている。シマウマの目のつき方が，シマウマの生活の中で果たす役割について，「視野」「敵」という２語を用いて，簡単に書きなさい。

[　　　　　　　　　　　　　　　　　　　　　　　　　　　　　　]

2 (2) 親になると陸上で生活するようになることから考える。
3 (2) シマウマは，ライオンよりも視野が広い。

11

第3日 光合成，感覚器官

試験に出る重要図表

✎ [ ] にあてはまる語句を書きなさい。

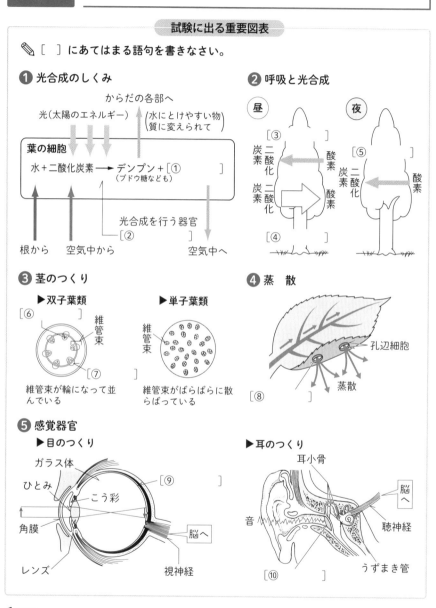

❶ 光合成のしくみ

からだの各部へ

光(太陽のエネルギー)　(水にとけやすい物質に変えられて)

葉の細胞

水＋二酸化炭素 ——→ デンプン＋[①]
（ブドウ糖なども）

光合成を行う器官
[②]

根から　空気中から　　　　　空気中へ

❷ 呼吸と光合成

昼

[③]
二酸化炭素　酸素
二酸化炭素　酸素
[④]

夜

[⑤]
二酸化炭素　酸素

❸ 茎のつくり

▶双子葉類
[⑥]
維管束
[⑦]
維管束が輪になって並んでいる

▶単子葉類
維管束
維管束がばらばらに散らばっている

❹ 蒸散

孔辺細胞
蒸散
[⑧]

❺ 感覚器官

▶目のつくり
ガラス体
ひとみ
こう彩
角膜
レンズ
[⑨]
脳へ
視神経

▶耳のつくり
耳小骨
脳へ
聴神経
うずまき管
音
[⑩]

解答　①酸素　②葉緑体　③呼吸　④光合成　⑤呼吸　⑥道管　⑦師管　⑧気孔　⑨網膜　⑩鼓膜

① 光合成の**材料**やできる**物質**，光合成と**呼吸**の関係をおさえておこう。
② 双子葉類と単子葉類の茎の**維管束の並び方**をおさえておこう。
③ **目・耳・鼻・舌・皮膚**などの感覚器官のつくりとはたらきをおさえておこう。

解答→別冊3ページ

Check1 光合成 （⇨試験に出る重要図表❶）

□① 葉の細胞に見られる緑色の粒を何というか。 [   ]
□② 光合成のはたらきで，何という気体がとり入れられるか。 [   ]
□③ 光合成のはたらきで，何という気体が発生するか。 [   ]

Check2 呼吸と光合成 （⇨試験に出る重要図表❷）

□④ 生物が生きて活動するためにとり入れる気体は何か。 [   ]
□⑤ 暗い場所に置いた植物が出している気体は何か。 [   ]

Check3 蒸 散 （⇨試験に出る重要図表❸❹）

□⑥ 植物で，根から吸収された水や水にとけた養分が通る管を何というか。
[   ]
□⑦ 植物の茎で維管束が輪のように並んでいるのは，何類の植物か。
[   ]
□⑧ 植物のからだから水が水蒸気となって出ていくことを何というか。
[   ]

Check4 感覚器官 （⇨試験に出る重要図表❺）

□⑨ 目の中で光の刺激を受けとり，視神経に伝える部位を何というか。
[   ]
□⑩ 耳の中で音をとらえて振動する部位を何というか。 [   ]

記述問題 次の問いに答えなさい。

□植物は，昼間にも呼吸を行っているにもかかわらず，昼間は酸素を放出しているように見えるのはなぜか。簡単に書きなさい。

[   ]

13

第3日 入試実戦テスト

時間 20分　合格 80点　得点 ／100

解答→別冊3ページ

1 【光合成】ふ（緑色でない部分）が入った葉をつけた鉢植えのアサガオを用いて，次の実験を行った。**あとの問いに答えなさい。**（10点×4）〔栃木−改〕

① アサガオを2日間暗室に置いた。

② 右図のように，ふが入った葉を1枚選び，その一部をアルミニウムはくでおおった。

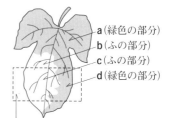

a（緑色の部分）
b（ふの部分）
c（ふの部分）
d（緑色の部分）

③ アサガオを数時間日光によくあてた。

④ アルミニウムはくのついた葉を切りとり，おおいをはずして熱湯にひたしてから，あたためた<u>ある液体</u>の中に入れ，脱色した。

アルミニウムはくでおおう部分

⑤ ④で脱色した葉を水洗いしたのち，ヨウ素液につけて，葉の a，b，c，d それぞれの色の変化を観察した。

〔結果〕　a は青紫色になり，b，c，d は茶色になった。

(1) 実験の①を行う理由を，次のア〜エから選びなさい。　　　［　　　　］

　ア　葉にデンプンをたくわえさせるため。
　イ　葉の呼吸をさかんにするため。
　ウ　葉にあるデンプンをなくすため。
　エ　葉の呼吸をおさえるため。

(2) 実験の④で用いたある液体の名称を書きなさい。　［　　　　　　　　　］

重要 (3) 次の□□□内の文章は，光合成について，この実験からわかる2つのことについてまとめたものです。Xにあてはまる語句を書きなさい。また，Y にあてはまる語句を，あとのア〜オから1つ選び，記号で書きなさい。

X［　　　　　　　］　Y［　　　　　］

> 　aとbの色の変化を比較することによって，光合成は（　X　）で行われることがわかる。また，（　Y　）の色の変化を比較することによって，光合成には光が必要であることがわかる。

　ア　aとc　　イ　aとd　　ウ　bとc　　エ　bとd　　オ　cとd

Key Points　**1** (3) X は，葉の a の部分にあって，b の部分にないものを考える。

14

2 【蒸 散】アジサイを使って次の実験を行った。**あとの問いに答えなさい。**

（15点×3）〔和歌山－改〕

① 葉の大きさや枚数，茎の太さや長さがほぼ同じアジサイを3本用意して，それぞれ**表Ⅰ**のような処理を行い，アジサイ**A**，**B**，**C**とした。

表Ⅰ　処理の仕方

アジサイ	処理
A	葉の表側にワセリンをぬる
B	葉の裏側にワセリンをぬる
C	葉の表側と裏側にワセリンをぬる

② 同じ大きさの3本の試験管に，それぞれ同量の水と，処理したアジサイ**A**～**C**を入れ，少量の油を注いで水面をおおった（**図Ⅰ**）。

図Ⅰ　処理したアジサイと試験管

③ アジサイ**A**～**C**の入った試験管の質量をそれぞれ測定し，明るく風通しの良い場所に一定時間置いた後，再びそれぞれの質量を測定した。

④ 測定した質量から試験管内の水の減少量をそれぞれ求め，その結果をまとめた（**表2**）。

表2　実験の結果

アジサイ	A	B	C
水の減少量〔g〕	4.8	2.6	1.1

(1) 植物のからだの表面から，水が水蒸気となって出ていくことを何というか，書きなさい。

[　　　　　　　　　]

(記述) (2) ②の下線部の操作をしたのはなぜか。簡単に書きなさい。

[　　　　　　　　　　　　　　　　　　　　]

(3) 実験①で用意したアジサイとほぼ同じものをもう1本用意し，葉のどこにもワセリンをぬらずに，実験②～④と同じ条件で同様の実験を行った場合，試験管内の水の減少量は何gになると考えられるか。**表2**を参考に，次の**ア～エ**の中から最も適切なものを1つ選んで，その記号を書きなさい。ただし，アジサイの茎からも水蒸気が出ていくものとする。　[　　　　]

ア 5.2g　**イ** 6.3g　**ウ** 7.4g　**エ** 8.5g

3 【感覚器官】図はヒトの耳のつくりを模式的に表したものであり，**X**は空気の振動をとらえる部分である。この部分を何というか，書きなさい。(15点)〔和歌山〕

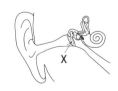

[　　　　　　　　　]

🔍 **Key Points**　**2** (3) Aは葉の裏側と茎，Bは葉の表側と茎，Cは茎からの蒸散量であることから考える。

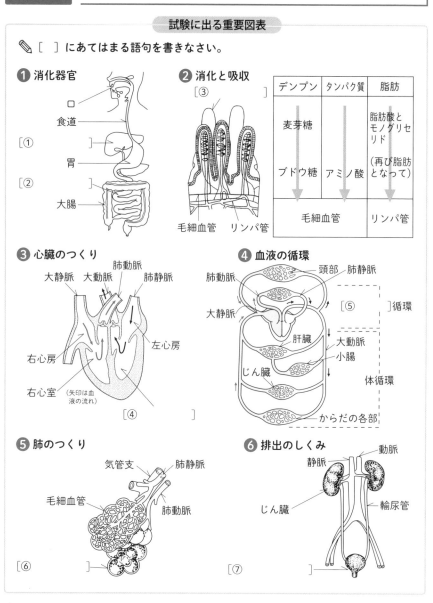

第4日 消化と吸収，血液の循環

試験に出る重要図表

✎ [　]にあてはまる語句を書きなさい。

❶ 消化器官

口
食道
[①]　　　]
胃
[②]
大腸

❷ 消化と吸収

[③]　　　]

毛細血管　リンパ管

	デンプン	タンパク質	脂肪
	麦芽糖		脂肪酸とモノグリセリド
	ブドウ糖	アミノ酸	(再び脂肪となって)
	毛細血管		リンパ管

❸ 心臓のつくり

大静脈　大動脈　肺動脈　肺静脈
右心房
右心室 (矢印は血液の流れ)
左心房
[④]　　　]

❹ 血液の循環

肺動脈　　頭部　肺静脈
大静脈
[⑤]　]循環
肝臓　　大動脈
じん臓　　小腸
体循環
からだの各部

❺ 肺のつくり

気管支　　肺静脈
毛細血管
肺動脈
[⑥]　]

❻ 排出のしくみ

静脈　　動脈
じん臓
輸尿管
[⑦]　]

解答 ①肝臓　②小腸　③柔毛　④左心室　⑤肺　⑥肺胞　⑦ぼうこう

16

> ① 栄養分の**消化**と**消化酵素**の関係や**吸収**のはたらきを整理しておこう。
> ② 血液の循環を，**肺循環**と**体循環**に分けておさえておこう。
> ③ **呼吸**のしくみと**じん臓**での排出のしくみについておさえておこう。

ここを
おさえる！

解答→別冊 4 ページ

Check1　消　化（⇨試験に出る重要図表❶❷）

□① 食物をからだの中にとり入れやすい栄養分に分解することを何というか。

[　　　　　　　]

□② だ液や胃液，すい液など，食物の消化を助けるはたらきをする液を何というか。

[　　　　　　　]

□③ 小腸には，たくさんのひだがあり，そのひだには無数の小さな突起がある。
この突起を何というか。　　　　　　　　　　　　　[　　　　　　　]

□④ デンプンは，最終的に何という物質になって体内に吸収されるか。

[　　　　　　　]

Check2　血液の循環（⇨試験に出る重要図表❸❹）

□⑤ 心臓から送り出された血液が流れる血管は何とよばれるか。[　　　　　　]

□⑥ 心臓にもどる血液が流れる血管は何とよばれるか。　　[　　　　　　]

□⑦ 血液の固体成分で，酸素を運ぶはたらきをするものを何というか。

[　　　　　　　]

Check3　呼吸と排出（⇨試験に出る重要図表❺❻）

□⑧ 気管支が枝分かれした先は，小さな袋になっている。この袋を何というか。

[　　　　　　　]

□⑨ 有害なアンモニアを比較的害の少ない尿素につくり変えているのは何という器官か。　　　　　　　　　　　　　　　　　　　[　　　　　　　]

□⑩ じん臓でこし出された尿はどこへ運ばれるか。　　[　　　　　　　]

記述問題　　次の問いに答えなさい。

□小腸の内側に，無数の小さな突起があることは，栄養分の吸収の際に，どのような点で都合がよいか。簡単に書きなさい。

[　　　　　　　　　　　　　　　　　　　　　　　　　　　　　　　]

17

第**4**日　入試実戦テスト

時間 20 分　合格 80 点　得点 ／100

解答→別冊 4 ページ

1 【消化と吸収】**デンプンとブドウ糖に関する次の実験について，あとの問いに答えなさい。**（10 点×3）〔秋田一改〕

〔実験1〕　試験管 **X** にデンプンを，試験管 **Y** にブドウ糖をそれぞれ同量ずつ入れ，水を加えてよく振って，そのようすを調べた。

〔結果〕　試験管 **X**：白く濁った。　　試験管 **Y**：すべてとけて透明になった。

〔実験2〕　図のように，半分ほど水を入れた2つのペトリ皿 **A**，**B** それぞれにセロハン膜を張り，**A** のセロハン膜の上には試験管 **X** の液を，**B** には試験管 **Y** の液を，それぞれ流しこんだ。

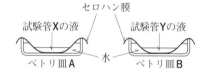

その直後としばらく置いたあとの2回，セロハン膜の上の液と下の液をそれぞれ別の試験管にとり，**A** からとり出した液にはヨウ素液を加えて色の変化を調べ，**B** からとり出した液にはベネジクト液を加え加熱して色の変化を調べた。結果は右の表のようになった。

〔結果〕

		流し込んだ直後	しばらく置いた後
A	セロハン膜の上の液	○	○
	セロハン膜の下の液	×	×
B	セロハン膜の上の液	○	○
	セロハン膜の下の液	×	○

○…色の変化があった　×…色の変化がなかった

(1) セロハン膜には，目に見えない小さな穴があいている。セロハン膜の穴の大きさを **R**，デンプンの粒の大きさを **S**，ブドウ糖の粒の大きさを **T** として，実験2の結果をもとに，**R**～**T** を大きいものから順に並べて，記号を書きなさい。　　　　　　　　　　　　　　　[　　　　　　　]

(2) ヒトのからだの中で,デンプンは消化液に含まれるアミラーゼなどのはたらきによってブドウ糖に変化し，小腸から吸収され，全身の細胞に運ばれる。

重要 ① アミラーゼのように，食物の成分を消化するはたらきをもつものを何といいますか。　　　　　　　　　　　　　　　　　　　[　　　　　　　]

記述 ② デンプンがブドウ糖に変化することは，全身の細胞に栄養分を運ぶうえで役立っている。その理由を，実験結果に関連づけて書きなさい。

[

Key Points　**1** (1) セロハン膜の穴の大きさが，粒の大きさの基準となる。
(2) ② ブドウ糖は，血液中の血しょうが全身に運ぶ。

2 【動物のからだのつくりとはたらき】右の図は，ヒトの血液の循環のようすを模式図に表したものである。**次の問いに答えなさい。**（8点×5）〔愛媛－改〕

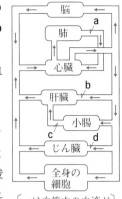

→は血管中の血液が流れる向きを示す。

(重要) (1) 図のa～dのうち，栄養分を含む割合が最も高い血液が流れる部分として，最も適当なものを1つ選び，その記号を書きなさい。 　　　[　　　]

(2) 血液が，肺から全身の細胞に酸素を運ぶことができるのは，赤血球に含まれるヘモグロビンの性質によるものである。その性質を，酸素の多いところと酸素の少ないところでのちがいがわかるように，それぞれ簡単に書きなさい。

多いところ[　　　　　　]　少ないところ[　　　　　　]

(3) 次の文の①，②の（ 　 ）の中から，それぞれ適当なものを1つずつ選び，その記号を書きなさい。 　　　[　 ・ 　]

細胞の生命活動によってできた有害なアンモニアは，①（**ア** じん臓 **イ** 肝臓）で無害な②（**ウ** グリコーゲン **エ** 尿素）に変えられる。

(4) ある人の心臓は1分間に75回拍動し，1回の拍動で右心室と左心室からそれぞれ80 cm³ ずつ血液が送り出される。このとき，体循環において，全身の血液量にあたる5000 cm³ の血液が，心臓から送り出されるのにかかる時間は何秒ですか。 　　　[　　　　]

3 【肺のつくり】右の図は，気管支とその先についている小さな袋を示したものである。**次の問いに答えなさい。**（10点×3）

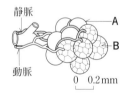

静脈　　A
動脈　　B
0　0.2mm

(1) 気管支の先についている小さな袋**A**を何といいますか。 　　　[　　　　]

(2) (1)の小さな袋**A**をとり巻いている血管**B**を何といいますか。

[　　　　]

(3) 二酸化炭素を多く含む血液が流れている血管は，図の動脈，静脈のうちどちらですか。 　　　[　　　　]

Key Points ② (1) 消化された栄養分は，小腸の柔毛から吸収される。
③ (3) 心臓から肺に送られてくる血液に，二酸化炭素が多く含まれる。

第5日 生物のふえ方と遺伝

✎ [　]にあてはまる語句を書きなさい。

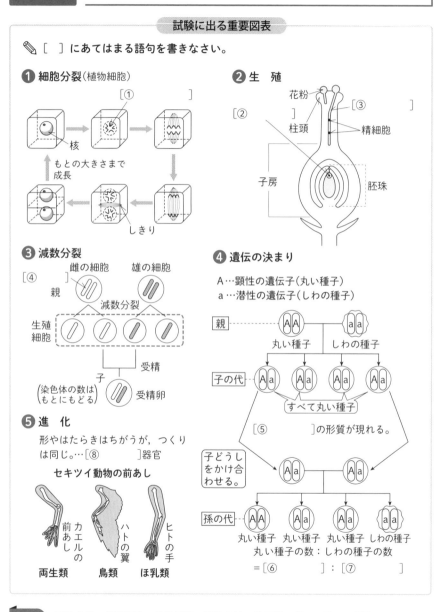

❶ 細胞分裂（植物細胞）

［①　　　　　　　］

核

もとの大きさまで成長

しきり

❷ 生　殖

花粉

［②　　　　］

柱頭

［③　　　　　　　］

精細胞

子房

胚珠

❸ 減数分裂

［④　　］

雌の細胞　　雄の細胞

親

減数分裂

生殖細胞

受精

子

（染色体の数は　もとにもどる）

受精卵

❹ 遺伝の決まり

A…顕性の遺伝子（丸い種子）
a…潜性の遺伝子（しわの種子）

親　　AA 丸い種子　　aa しわの種子

子の代　　Aa　Aa　Aa　Aa

すべて丸い種子

［⑤　　　　　　　］の形質が現れる。

子どうしをかけ合わせる。

Aa　　Aa

孫の代　　AA　Aa　Aa　aa

丸い種子　丸い種子　丸い種子　しわの種子

丸い種子の数：しわの種子の数

＝［⑥　　　　　］：［⑦　　　　　］

❺ 進　化

形やはたらきはちがうが，つくりは同じ。…［⑧　　　　　］器官

セキツイ動物の前あし

カエルの前あし
ハトの翼
ヒトの手

両生類　　鳥類　　ほ乳類

解答 ①染色体　②卵細胞　③花粉管　④染色体　⑤顕性　⑥3　⑦1　⑧相同

① 細胞分裂の順序を，染色体の動きでおさえておこう。
② 遺伝による，子や孫の代での形質の現れ方をおさえておこう。
③ 進化の証拠である相同器官の意味を，しっかり理解しておこう。

解答→別冊5ページ

Check1 　細胞分裂（⇨試験に出る重要図表❶）

□① 細胞分裂が始まると，核に何が見えるようになるか。 [　　　　　　　]

□② 細胞が分裂してできた新しい細胞の①の数は，分裂前の細胞と比べてどうなっているか。 [　　　　　　　]

Check2 　生　殖（⇨試験に出る重要図表❷）

□③ 受精によって子孫を残す生殖の方法を何というか。 [　　　　　　　]

□④ 雌雄の生殖細胞の受精によらず，親のからだの一部から新しい個体ができるふえ方を何というか。 [　　　　　　　]

Check3 　減数分裂，遺伝（⇨試験に出る重要図表❸❹）

□⑤ 生殖細胞がつくられるときに行われる，染色体の数がもとの細胞の半分になる細胞分裂を何というか。 [　　　　　　　]

□⑥ 形質が異なる純系どうしを交配したときに，子に現れる形質を　A　の形質，子に現れない形質を　B　の形質という。

A[　　　　　　] B[　　　　　　]

□⑦ 遺伝子の本体である物質を，アルファベット3文字で何というか。 [　　　　　　　]

Check4 　進　化（⇨試験に出る重要図表❺）

□⑧ 形やはたらきがちがっていても，つくりが同じで，発生や起源が同じであると考えられる器官を何というか。 [　　　　　　　]

記述問題 　次の問いに答えなさい。

□有性生殖で，雌雄の生殖細胞が受精してできた受精卵の染色体の数は，もとのそれぞれの生殖細胞と比べてどうなっているか。簡単に書きなさい。

[

　　　　　　　　　　　　　　　　　　　　　　　　　　　　　　　　　　　　　]

第5日 **入試実戦テスト**

| 時間 | 20分 |
| 合格 | 80点 |

得点

／100

解答→別冊5ページ

1 【細胞分裂】ソラマメの根が成長するしくみを調べるために，2cm に伸びた根に，先端から2mm 間隔で9つの印をつけ，1日後，2日後の印の位置を観察したところ，**図1**のようになった。次に，**図1**のA，B，Cのそれぞれの部分を切りとり，うすい塩酸にひたしたあと，顕微鏡を用いて観察し，スケッチをした（**図2**）。あとの問いに答えなさい。（10点×6）〔奈良－改〕

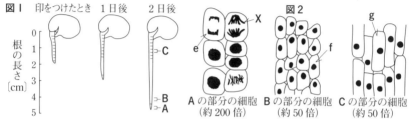

図1　印をつけたとき　1日後　2日後

根の長さ〔cm〕　0 1 2 3 4 5

図2

Aの部分の細胞（約200倍）　Bの部分の細胞（約50倍）　Cの部分の細胞（約50倍）

(1) この実験で，A，B，Cのそれぞれの部分を切りとったのちに，うすい塩酸にひたした目的は何か，次の**ア～エ**から1つ選びなさい。　　［　　　］
　ア 核を染色液で染めやすくするため。　**イ** 細胞を生きた状態に保つため。
　ウ 細胞どうしを離れやすくするため。　**エ** 細胞を酸性の状態に保つため。

(2) この実験で，細胞の核を観察しやすくするために染色液を用いる場合，何という染色液を用いるとよいですか。　　　　　　　　　［　　　　　　　　　］

(3) **図2**の**X**で示したひも状のものを何というか，その名称を書きなさい。また，**X**に含まれている，生物の形質を決定するものを何というか，次の**ア～エ**から1つ選びなさい。　　名称［　　　　　　　］　記号［　　］
　ア 葉緑体　**イ** 精子　**ウ** 胚（はい）　**エ** 遺伝子

(4) **図2**の e，f，g の細胞を，実際の大きさの大きい順に並べ，その記号を書きなさい。　　　　　　　　　　　［　　　→　　　→　　　］

(記述)(5) この観察から，ソラマメの根はどのようなしくみで成長すると考えられますか。A，Bの部分の細胞が，それぞれどのように変化していくかを明らかにして簡潔に書きなさい。
　［　　　　　　　　　　　　　　　　　　　　　　　　　　　　　　］

Key Points　**1** (1) うすい塩酸にひたすと，1つ1つの細胞を観察しやすくなる。
　　　　(4) B，Cの部分では，細胞分裂が行われていない。

2 【遺　伝】遺伝の規則性を調べるために，エンドウを用いて次の実験1，2を順に行った。**このことについて，あとの問いに答えなさい。**(10点×3)〔栃木〕

〔実験1〕　丸い種子としわのある種子をそれぞれ育て，かけ合わせたところ，子には，丸い種子としわのある種子が1：1の割合でできた。

〔実験2〕　実験1で得られた，丸い種子をすべて育て，開花後にそれぞれの個体において自家受粉させたところ，孫には，丸い種子としわのある種子が3：1の割合でできた。

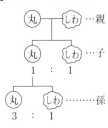

図は，実験1，2の結果を模式的に表したものである。

(1) エンドウの種子の形の「丸」と「しわ」のように，どちらか一方しか現れない形質どうしのことを何といいますか。　［　　　　　　　］

(2) 種子を丸くする遺伝子を A，種子をしわにする遺伝子を a としたとき，子の丸い種子が成長してつくる生殖細胞について述べた文として，最も適切なものはどれですか。　［　　　　］

　　ア　すべての生殖細胞が A をもつ。

　　イ　すべての生殖細胞が a をもつ。

　　ウ　A をもつ生殖細胞と，a をもつ生殖細胞の数の割合が1：1である。

　　エ　A をもつ生殖細胞と，a をもつ生殖細胞の数の割合が3：1である。

重要 (3) 実験2で得られた孫のうち，丸い種子だけをすべて育て，開花後にそれぞれの個体において自家受粉させたとする。このときできる，丸い種子としわのある種子の数の割合を，最も簡単な整数比で書きなさい。

　　　　　　　　　　　　　　　　　　　　　　　　［　　　　　　　］

記述 **3** 【進　化】右の図は，コウモリの翼とヒトのうでをそれぞれ表したものである。この2つは，　　　　　　が同じであることから，もとは同じ器官であったと考えられる。このような器官を相同器官という。　　　　　　にあてはまる適当な言葉を「形やはたらき」「基本的なつくり」の2つの言葉を用いて，簡単に書きなさい。(10点)〔愛媛〕

コウモリの翼　ヒトのうで

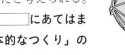

［　　　　　　　　　　　　　　　　　　　　　　　　　　　］

2 (3) 孫の丸い種子の遺伝子の組み合わせは A A：A a ＝1：2である。
3 もとが同じ器官であると，どのような共通点をもつかを考える。

23

第6日 生物と環境とのかかわり

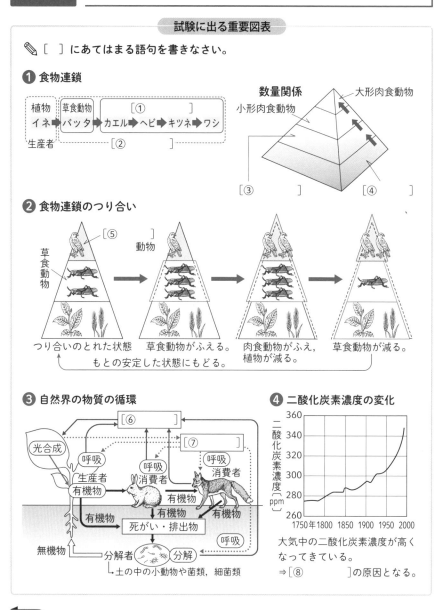

✎ [ ]にあてはまる語句を書きなさい。

❶ 食物連鎖

植物　草食動物　[①　　　]
イネ ➡ バッタ ➡ カエル ➡ ヘビ ➡ キツネ ➡ ワシ
生産者　　　　[②　　　]

数量関係　　大形肉食動物
小形肉食動物
[③　　　]　[④　　　]

❷ 食物連鎖のつり合い

[⑤　　　]動物
草食動物

つり合いのとれた状態　　草食動物がふえる。　　肉食動物がふえ、植物が減る。　　草食動物が減る。
もとの安定した状態にもどる。

❸ 自然界の物質の循環

[⑥　　　]
[⑦　　　]
光合成　呼吸　呼吸　呼吸　消費者
生産者　消費者
有機物　有機物
有機物　有機物　有機物
死がい・排出物
呼吸
無機物　分解者　分解
└土の中の小動物や菌類，細菌類

❹ 二酸化炭素濃度の変化

二酸化炭素濃度(ppm)
360 340 320 300 280 260
1750年 1800 1850 1900 1950 2000

大気中の二酸化炭素濃度が高くなってきている。
⇒[⑧　　　]の原因となる。

解答 ①肉食動物 ②消費者 ③草食動物 ④植物 ⑤肉食 ⑥二酸化炭素 ⑦酸素 ⑧地球温暖化

24

① **食物連鎖**の出発点は，光合成を行う植物であることを理解しよう。
② 食物連鎖とその**数量関係**をおさえておこう。
③ 食物連鎖を通して物質が**循環**することをおさえておこう。

解答→別冊7ページ

Check1　食物連鎖 （⇨試験に出る重要図表❶❷）

□① 植物は，自分で栄養をつくることから，自然界で何とよばれているか。

[　　　　　　　]

□② 動物は，植物がつくった栄養分を直接または間接的にとり入れている。このことから，動物は，自然界で何とよばれているか。

[　　　　　　　]

□③ 菌類や細菌類は，植物や動物の死がいなどの有機物を無機物に分解する。このことから，菌類や細菌類は，自然界で何とよばれているか。

[　　　　　　　]

□④ 食物連鎖の数量関係をピラミッドの形で表したとき，底辺にくるのはどのような生物か。 [　　　　　　　]

□⑤ 食物連鎖の数量関係をピラミッドの形で表したとき，④の生物のすぐ上にくるのはどのような生物か。 [　　　　　　　]

Check2　物質の循環 （⇨試験に出る重要図表❸）

□⑥ 生物の「食べる・食べられる」の関係によって，生物間を移動する物質はどのような物質か。 [　　　　　　　]

□⑦ ⑥の物質のおおもとは，植物の光合成でつくられる。無機物である水と何をとり入れてつくられるか。 [　　　　　　　]

□⑧ ⑥の物質は，すべての生物でとり入れられて分解される。このとき，無機物である二酸化炭素と何に分解されるか。 [　　　　　　　]

記述問題　次の問いに答えなさい。

□大気中の二酸化炭素濃度の上昇は，地球温暖化の原因になると考えられている。その結果，どのような環境の変化が起こると考えられているか。簡単に書きなさい。

[

]

第6日 入試実戦テスト

解答→別冊7ページ

1 【生物どうしのつながり】**図1**は，ある地域における生物を，
I（植物），II（Iの植物を食べる草食動物），III（IIの草食
動物を食べる肉食動物）に分け，I〜IIIの数量関係を模式
的に表したものである。**次の問いに答えなさい。**ただし，
この地域と他の地域の間で生物の出入りはないものとする。(10点×4)〔佐賀〕

図1

(1) 生物の「食べる・食べられる」の関係は，自然界では複雑に入り組んでい
る。これを何というか。書きなさい。　　　　　　　　　　[　　　　　　　　]

(2) 生物I〜IIIの分類として最も適当なものを次の**ア〜エ**の中から1つ選び，
記号を書きなさい。　　　　　　　　　　　　　　　　　　[　　　　　　　　]

　　ア　I 生産者　II 消費者　III 分解者　　　**イ**　I 分解者　II 生産者　III 消費者
　　ウ　I 生産者　II 生産者　III 消費者　　　**エ**　I 生産者　II 消費者　III 消費者

(3) **図2**は生物I〜IIIの数量の
変化を示したもので，**B**の
ように何らかの原因でIIに
分類される生物が減少して
も，**C**，**D**を経て最終的に
は**A**のようにつり合いが保たれたもとの状態にもどることを表している。

図2
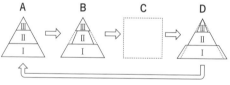

（重要）① **図2**の**C**にあてはまるものとして最も適当なものを，次の**ア〜エ**の中
から1つ選び，記号を書きなさい。ただし，**ア〜エ**の中の破線は，**図
2**の**A**の状態を示している。　　　　　　　　　　　　　[　　　　　　　　]

ア　　イ　　ウ　　エ

（記述）② 何らかの原因により生態系のつり合いが大きくくずれた場合，もとの
状態にもどらなくなることがある。このような生態系の数量関係に大
きな影響をおよぼすと考えられる具体的な原因を1つ書きなさい。

[　　　　　　　　　　　　　　　　　　　　　　　　　　]

- -

Key Points **1** (3) IIが減ると，IIをえさにするものも減ることから考える。

2 【生物と環境】図のように，メダカやオオカナダモなど をペットボトルに入れ，日光が直接あたらない十分に明 るい場所に置いた。ペットボトルを密閉した状態でメダ カにえさを与えずにしばらく観察し，気づいたことを表 にまとめた。**次の問いに答えなさい。**(10点×3)

〔群馬ー改〕

(1) オオカナダモの葉から出 ていた気体の名称と，こ の気体を発生させる植物 のはたらきの名称を書き なさい。

気づいたこと
・オオカナダモの葉の表面から小さな泡が出ていた。
・水中には，ミジンコが見られた。
・メダカは，ときどきふんをしていたが，しばらくしても 土の上のふんはふえなかった。

気体[　　　　　] はたらき[　　　　　]

(記述)(2) 「メダカは，ときどきふんをしていたが，しばらくしても土の上のふんは ふえなかった」とある。この理由を，「菌類・細菌類」のはたらきに着目 して，簡潔に書きなさい。[　　　　　　　　　　　　　　　　　　]

3 【生物のつながりと物質の循環】図は， 生態系における炭素の循環を模式的に示 しており，矢印は炭素の流れを表してい る。**次の問いに答えなさい。**

(15点×2)〔岡山ー改〕

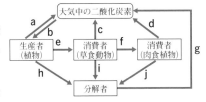

(1) 太朗さんはいろいろな生物を図の生産者（植物），消費者（草食動物），消 費者（肉食動物），分解者に分けようと考えた。内容が適当なのは，**ア〜 オ**のうちではどれか。あてはまるものをすべて答えなさい。

[　　　　　]

ア エンドウは，光合成を行うので生産者といえる。

イ シイタケは，他の生物を食べる生物ではないので生産者といえる。

ウ ウサギは，生産者を食べるので消費者（草食動物）といえる。

エ モグラは，土中のミミズなどを食べるので分解者といえる。

オ カビは，生物の死がいなどから栄養分を得ているので分解者といえる。

(重要)(2) 呼吸の作用による炭素の流れは，図の**a〜j**のうちではどれですか。あて はまるものをすべて答えなさい。 [　　　　　]

- -

Key Points **2** (2) 土の中にいる菌類・細菌類のはたらきから考える。
3 (2) 呼吸によって放出される気体に着目する。

第7日 大地の変化

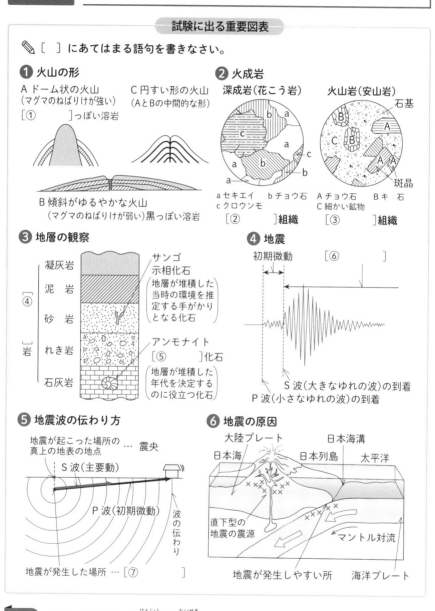

試験に出る重要図表

✎ [ ]にあてはまる語句を書きなさい。

❶ 火山の形

A ドーム状の火山
（マグマのねばりけが強い）
[①]っぽい溶岩

C 円すい形の火山
（AとBの中間的な形）

B 傾斜がゆるやかな火山
（マグマのねばりけが弱い）黒っぽい溶岩

❷ 火成岩

深成岩（花こう岩）　　火山岩（安山岩）

石基

斑晶

a セキエイ　b チョウ石
c クロウンモ
[②]組織

A チョウ石　B キ　石
C 細かい鉱物
[③]組織

❸ 地層の観察

凝灰岩
泥　岩
砂　岩
れき岩
石灰岩
[④ 　岩]

サンゴ
示相化石
地層が堆積した当時の環境を推定する手がかりとなる化石

アンモナイト
[⑤]化石
地層が堆積した年代を決定するのに役立つ化石

❹ 地震

初期微動　　　　[⑥ 　　　]

S 波（大きなゆれの波）の到着
P 波（小さなゆれの波）の到着

❺ 地震波の伝わり方

地震が起こった場所の
真上の地表の地点 … 震央

S 波（主要動）

P 波（初期微動）

波の伝わり

地震が発生した場所 …[⑦ 　　]

❻ 地震の原因

大陸プレート　　　日本海溝

日本海　　　日本列島　　　太平洋

直下型の
地震の震源

マントル対流

地震が発生しやすい所　　海洋プレート

解答 ①白　②等粒状　③斑状(はんじょう)　④堆積(たいせき)　⑤示準　⑥主要動　⑦震源

ここをおさえる！

① **マグマのねばりけ**と火山の特徴，そして，**火成岩**の特徴をおさえよう。
② 地層のつくりや地層に含まれる**化石**，地層のでき方をおさえよう。
③ **地震の波の伝わり方**や地震の起こる原因などを整理しておこう。

解答→別冊8ページ

Check1　火　山（⇨試験に出る重要図表❶❷）

□① 火山の地下にある高温のために岩石がどろどろにとけた物質を何というか。

[　　　　　]

□② ①からできた火山の噴出物などに含まれる結晶の粒のことを何というか。

[　　　　　]

□③ ①が地下深くでゆっくり冷え固まってできた岩石を何というか。

[　　　　　]

□④ ①が地表か地表近くで急激に冷え固まってできた岩石を何というか。

[　　　　　]

Check2　地　層（⇨試験に出る重要図表❸）

□⑤ 火山灰などの火山噴出物が堆積してできた岩石を何というか。

[　　　　　]

□⑥ 生物の死がいなどが堆積して固まった岩石で，うすい塩酸をかけると二酸化炭素が発生する岩石は何か。　　　　　[　　　　　]

□⑦ 地層ができた当時の環境を推定する手がかりとなるような化石を何というか。

[　　　　　]

Check3　地　震（⇨試験に出る重要図表❹❺❻）

□⑧ 地震が発生した場所を何というか。　　　　　[　　　　　]

□⑨ P波とS波の到着時刻の差を何というか。　　[　　　　　]

□⑩ 地震によるゆれの強さを何というか。　　　　[　　　　　]

記述問題　次の問いに答えなさい。

□示準化石には，どのような生物の化石が適していると考えられるか。簡単に書きなさい。

[　　　　　　　　　　　　　　　　　　　　　　　　　　　]

29

時間 20 分　合格 80 点　得点 /100

解答→別冊 8 ページ

1 【火　山】火成岩の観察と，火山の形のちがいについて調べる実験を行った。**あとの問いに答えなさい。**（10 点×6）〔富山〕

〔観察〕　① ある火山の火成岩の表面をルーペで観察した。

　② 観察した表面のようすをスケッチした。**図1**はそのスケッチである。

図1

B
A
5mm

〔実験〕　③ 小麦粉と水を，以下の割合でそれぞれポリエチレンのふくろに入れてよく混ぜ合わせた。

　　・**C**のふくろ：小麦粉 80g，水 100g

　　・**D**のふくろ：小麦粉 120g，水 100g

④ **図2**のように，中央に穴の開いた板に**C**のふくろをとりつけ，ゆっくり押し，小麦粉と水を混ぜ合わせたものを板の上にしぼり出した。**D**のふくろについても，同じようにして，しぼり出した。

⑤ その結果，**図3**，**図4**のように，小麦粉の盛り上がり方に差がついた。

図2
板
CまたはDのふくろ

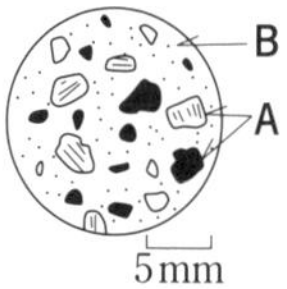

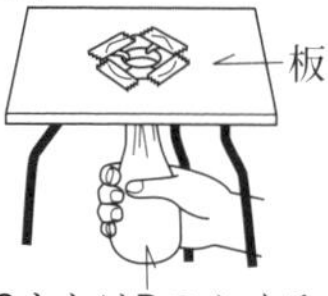

図3 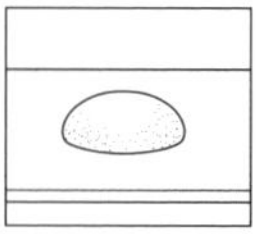　図4

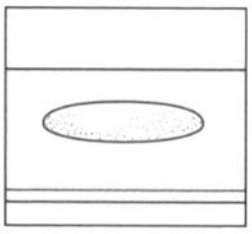

(1) **図1**の**A**は比較的大きな鉱物の結晶であり，**B**は形がわからないほどの小さな鉱物やガラス質だった。**A**，**B**の名称をそれぞれ書きなさい。

A [　　　　　]　B [　　　　　]

(2) **図1**のような岩石のつくりを何というか，書きなさい。

[　　　　　]

(3) **図3**は，③の**C**，**D**のどちらのふくろをしぼり出したものか，記号で答えなさい。[　　　]

(記述)(4) 実験の結果をふまえて，火山の形にちがいができる原因を書きなさい。

[　　　　　]

(重要)(5) **図1**のようなつくりをもち，**図4**のような形の火山で見られる火成岩は何か。次の**ア**〜**エ**から最も適切なものを1つ選び，記号で答えなさい。[　　　]

　ア 玄武岩　**イ** 花こう岩　**ウ** はんれい岩　**エ** 流紋岩

Key Points　**1** (5) マグマのねばりけが小さいほど，有色鉱物を多く含む。

2 【地　層】右の図は，ある地層のようすを示した模式図である。この図の砂の層からはビカリアの化石が発見されている。**次の問いに答えなさい。**（8点×3）〔新潟－改〕

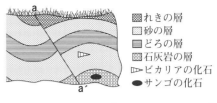

れきの層
砂の層
どろの層
石灰岩の層
ビカリアの化石
サンゴの化石

(1) 図の **a**—**a′** のような地層のずれを何といいますか。　［　　　　　　　］

(2) 図の砂の層に含まれるビカリアの化石から，地層が堆積した時代を推定することができる。このような化石を何というか，その用語を書きなさい。
　　　　　　　　　　　　　　　　　　　　　　　［　　　　　　　　　　　］

(3) 図のサンゴの化石を含む石灰岩の層は，どのような環境のもとで堆積したと考えられるか。最も適当なものを，次の**ア～エ**から1つ選びなさい。
　　　　　　　　　　　　　　　　　　　　　　　　　　　　［　　　　　］

　　ア　深くてあたたかい海　　**イ**　深くて冷たい海
　　ウ　浅くてあたたかい海　　**エ**　浅くて冷たい海

3 【地震と火山活動】**太平洋および日本付近で起こる地震について，次の問いに答えなさい。**（8点×2）〔佐賀－改〕

海水面
太平洋
火山島
ア→　←イ

(1) 太平洋および日本付近のプレートと火山のようすを表す上の模式図で，海のプレートの移動方向は**ア**，**イ**のどちらが正しいですか。　［　　　　］

(2) 図の◯で囲んだ**A**，**B**で起こる地震について説明した文として正しいものを，次の**ア～エ**の中から1つ選び，記号で答えなさい。　［　　　　］

　　ア　**B**では，大陸のプレートが海のプレートによって冷やされ，縮んでこわれ，地震が起こる。
　　イ　**B**では，大陸のプレートが海のプレートによって引き上げられて地震が起こる。
　　ウ　一般に**B**に比べて**A**で起こる地震のほうが，津波を引き起こしやすい。
　　エ　一般に**B**に比べて**A**で起こる地震は，規模が小さいが，浅い所で起こるため，被害が大きくなることがある。

Key Points
2 (3) 現在のサンゴが，どのような環境で生息しているかを考える。
3 (1) 海のプレートは海嶺から広がっていくように移動する。

31

第8日 天気とその変化 ①

✎ [ ]にあてはまる語句を書きなさい。

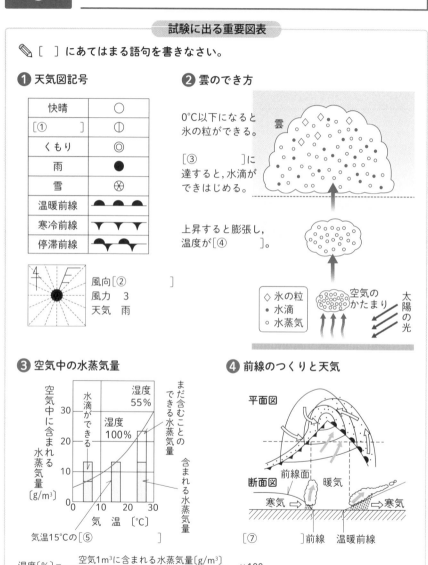

❶ 天気図記号

快晴	○
[①　　　　]	◐
くもり	◎
雨	●
雪	⊗
温暖前線	▰▰▰
寒冷前線	▼▼▼
停滞前線	◣◣◣

風向 [②　　　　]
風力　3
天気　雨

❷ 雲のでき方

0℃以下になると
氷の粒ができる。

[③　　　]に
達すると, 水滴が
できはじめる。

上昇すると膨張し,
温度が [④　　　]。

雲

◇ 氷の粒
・ 水滴
○ 水蒸気

空気の
かたまり

太陽の光

❸ 空気中の水蒸気量

空気中に含まれる水蒸気量 [g/m³]

湿度 55%
水滴ができる
湿度 100%
まだ含むことのできる水蒸気量
含まれる水蒸気量

気温 [℃]

気温15℃の [⑤　　　　　]

$$湿度[\%] = \frac{空気1m^3に含まれる水蒸気量[g/m^3]}{その温度での[⑥\qquad][g/m^3]} \times 100$$

❹ 前線のつくりと天気

平面図

断面図　前線面　暖気
寒気 ⇨　　　　　⇨ 寒気

[⑦　　　]前線　温暖前線

解答 ①晴れ　②北北東　③露点　④下がる　⑤飽和水蒸気量　⑥飽和水蒸気量　⑦寒冷

① 雲のでき方と**降水**について覚えておこう。
② 空気中の**水蒸気量**や**湿度**，**露点**について理解しておこう。
③ **前線**のつくりとその移動にともなう天気の変化をおさえておこう。

解答→別冊 9 ページ

Check1 天気の表し方（⇨試験に出る重要図表 **❶**）

□① 「くもり」の天気図記号を書きなさい。　　　　　　　［　　　　　］
□② ━━●━━●━━ は何を表す天気図記号か。　　　　　　　［　　　　　］

Check2 雲のでき方（⇨試験に出る重要図表 **❷**）

□③ 雲ができるのは，どのような気流ができるときか。　［　　　　　］

Check3 空気中の水蒸気量（⇨試験に出る重要図表 **❸**）

□④ 1 m³ の空気中に含むことのできる最大の水蒸気量を何というか。

　　　　　　　　　　　　　　　　　　　　　　　　　［　　　　　］

□⑤ 空気の温度が下がり，空気中の水蒸気量が飽和状態になり，水蒸気が凝結
しはじめるときの温度を何というか。　　　　　　　［　　　　　］

□⑥ 空気に含まれている水蒸気の量が，その温度での飽和水蒸気量に対して，
どれくらいの割合なのかを百分率で表したものを何というか。

　　　　　　　　　　　　　　　　　　　　　　　　　［　　　　　］

Check4 前　線（⇨試験に出る重要図表 **❹**）

□⑦ 温度のちがう気団の境界面のことを何というか。　　［　　　　　］
□⑧ ⑦が地面と接するところを何というか。　　　　　　［　　　　　］
□⑨ 寒気が暖気を押しながら進む前線を何というか。　　［　　　　　］
□⑩ 寒気と暖気の勢力がつり合っていて，長い時間動かない前線を何というか。

　　　　　　　　　　　　　　　　　　　　　　　　　［　　　　　］

記述問題 次の問いに答えなさい。

□ある地点を寒冷前線が通過すると，その地点の天気と気温はどのように変化す
るか。簡単に書きなさい。

［　　　　　　　　　　　　　　　　　　　　　　　　　　　　　　　　　　　　　　　］

入試実戦テスト

時間 20分　合格 80点　得点 ／100

解答→別冊9ページ

1 【天気の変化】**気象観測について，次の問いに答えなさい。**〔山梨－改〕

重要 (1) この日の天気は晴れで，北西の風，風力3だった。この
ことを矢ばねと天気記号を使って右の図に表しなさい。
（8点）

北
西------○------東
南

(2) 下の図はこの日の乾湿計のようすを示している。また，
表は乾湿計用湿度表の一部である。このときの湿度を，
表から読みとりなさい。（7点）　　　[　　　　　　]

(3) 乾湿計の湿球は，この
日のように空気が乾い
ている日には乾球より
低い目盛りを示す。こ
の現象と同じ理由で起

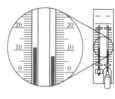

乾球の読み〔℃〕	乾球と湿球の目盛りの読みの差〔℃〕					
	0	1	2	3	4	5
15	100	89	78	68	58	48
14	100	89	78	67	57	46
13	100	88	77	66	55	45
12	100	88	76	65	53	43
11	100	87	75	63	52	40
10	100	87	74	62	50	38

こる現象を，次の**ア～エ**から1つ選びなさい。（7点）　　[　　　　　　]

ア 夏の蒸し暑い日，コップに冷たい水を入れると，コップの表面がくもる。

イ 水は，エタノールなどに比べてあたたまりにくく，冷めにくい。

ウ 登山をしたとき，密封された菓子袋が，ぱんぱんにふくらんでいる。

エ 汗をかいて風にあたると，涼しく感じる。

重要 **2** 【雲のでき方】**低気圧の中心付近における雲のでき方について説明した次の文
の（①）～（③）に適する語句を入れ，文を完成させなさい。**（6点×3）〔長崎〕

①[　　　　　　]　②[　　　　　　]　③[　　　　　　]

空気のかたまりが上昇すると，上空にいくほど周囲の気圧が（　①　）
なるので，上昇した空気の体積が（　②　）なり，その気温が（　③　）。
やがて上昇した空気が露点に達すると，空気中の水蒸気の一部が無数の小
さな水滴や氷の粒になり雲ができる。

Key Points
1 (1) 風向は矢の向き，風力ははねの数で表す。
2 大気圧は，上空へいくほど小さくなるため，空気は膨張する。

3 【天気の変化】**図 I**
は，3 月 10 日 9 時
の日本付近の天気図
である。**X－Y，X
－Z** は，寒冷前線，
温暖前線のいずれか
を表しており，地点
A では 3 月 10 日の
6 時から 9 時の間に **X－Y** の前線が通過していることが
わかっている。**図 2** は，**図 I** の地点 **A** での 3 月 9 日 12
時から 3 月 10 日 21 時までの気象観測の結果を示して
いる。**次の問いに答えなさい。**（10 点×6）〔富山〕

図 I

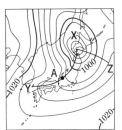

図 2

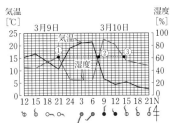

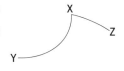

(1) **図 I** の **X－Y，X－Z** を，前線を表す記号で右上の図にかきなさい。

(2) 地点 **A** では，**X－Y** の前線が通過する前後で，天気と風向はそれぞれどの
ように変化したか。**図 2** の天気図の記号をもとに前後のようすを読みとり，
答えなさい。

　　　天気 [　　　　　　　→　　　　　　　]　風向 [　　　　　　　→　　　　　　　]

(3) 寒冷前線付近の空気のようすと温暖前線付近の空気のようすを説明したも
のはどれか。次の**ア～カ**から最も適切なものをそれぞれ 1 つずつ選び，記
号で答えなさい。　　　寒冷前線付近 [　　　]　温暖前線付近 [　　　]

　ア　もぐりこもうとする寒気とはい上がろうとする暖気がぶつかり合う。

　イ　もぐりこもうとする暖気とはい上がろうとする寒気がぶつかり合う。

　ウ　寒気が暖気の下にもぐりこみ，暖気を押し上げる。

　エ　暖気が寒気の下にもぐりこみ，寒気を押し上げる。

　オ　寒気が暖気の上にはい上がり，暖気を押しやる。

　カ　暖気が寒気の上にはい上がり，寒気を押しやる。

(4) **図 2** の①～③はいずれも湿度が同じ値となっている。湿度が①～③の状態
の空気を 1 m^3 中に含まれる水蒸気が多い順に並べ，①～③の記号で答え
なさい。ただし，気圧などの条件は考えなくてよいものとする。

　　　　　　　　　　　　　　　　　　　　　　　　　　　　[　　　　　　　　　]

Key Points　**3** (2) **X－Y** の前線は，寒冷前線である。
　　　　　　　　(4) 気温が高いほど，飽和水蒸気量は大きい。

35

第9日 天気とその変化 ②

試験に出る重要図表

✎ [　]にあてはまる語句を書きなさい。

❶ 圧 力

物体

接する面1 m²あたりを垂直に押す力
…[①　　　　　]

$$[②\qquad][Pa] = \frac{面を垂直に押す力[N]}{力がはたらく面の面積[m^2]}$$

❷ 大気圧

大気

約640hPa

約1013hPa
=1気圧

富士山頂
麓

海面

高いところほど大気圧は
[③　　　　　]。

❸ 高気圧と低気圧

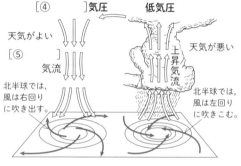

[④　　　]気圧　　　低気圧

天気がよい
[⑤　　　]
気流

天気が悪い
上昇気流

北半球では,
風は右回り
に吹き出す。

北半球では,
風は左回り
に吹きこむ。

❹ 冬の天気

[⑥　　　　　]の気圧配置

等圧線が南北に走る

❺ 日本付近の気団

[⑦　　　]気団
寒冷, 乾燥
冬

オホーツク海
気団
湿潤
低温
梅雨期
初秋

揚子江
気団
乾燥
温暖
春・秋

小笠原気団
湿潤
高温

日本海

夏
秋
台風

解答 ①圧力　②圧力　③小さい　④高　⑤下降　⑥西高東低　⑦シベリア

① 圧力の求め方と，**大気圧**の性質について理解しよう。
② **高気圧，低気圧**のつくりと風の吹き方を覚えておこう。
③ 日本の**四季の天気**の特徴をおさえておこう。

Check1 大気圧 （⇨試験に出る重要図表 ❶❷）

□① 力の大きさが同じとき，力がはたらく面積が小さいほど圧力の大きさはどうなるか。 [   ]

□② 力がはたらく面積が同じとき，力の大きさが大きいほど圧力の大きさはどうなるか。 [   ]

□③ 大気圧の単位は何か。 [   ]

□④ 大気圧はどのような向きにはたらくか。 [   ]

□⑤ 大気圧の大きさは，高いところほどどうなるか。 [   ]

Check2 高気圧と低気圧 （⇨試験に出る重要図表 ❸）

□⑥ 高気圧の中心付近では，どのような気流が生じているか。 [   ]

□⑦ 雲ができやすいのは，高気圧，低気圧のどちらか。 [   ]

Check3 日本の天気 （⇨試験に出る重要図表 ❹❺）

□⑧ 冬のころの日本付近の気圧配置を何というか。 [   ]

□⑨ 夏のころに吹く季節風はどのような向きに吹くか。 [   ]

□⑩ 6 月ごろ，東西に停滞前線が発生し，雨の多いぐずついた天気が続く時期のことを何というか。 [   ]

□⑪ 夏に太平洋高気圧が発達してできる気団を何というか。 [   ]

□⑫ ⑪の気団にはどのような性質があるか。 [   ]

□⑬ 冬に大陸で発達した高気圧にともなってできる気団を何というか。

[   ]

記述問題 次の問いに答えなさい。

□密閉したふくろを高い山の上にもっていくと，ふくろがふくらむ理由を簡単に説明しなさい。

[   ]

第9日

第9日 **入試実戦テスト**

時間	20 分	得点
合格	80 点	/100

解答→別冊10ページ

1 【圧 力】図1のように，立方
体の物体Aと直方体の物体Bを
水平な床に置いた。表は，それ
ぞれの物体の質量と図1のよう

図1

	物体A	物体B
質量[g]	40	120
底面積[cm²]	4	16

に物体を床に置いたときの底面積を示したものである。**このとき，次の問いに
答えなさい。**ただし，100gの物体にはたらく重力の大きさを1Nとし，それ
ぞれの物体が床を押す力は，床に均等にはたらくものとする。

(10点×3)（三重）

(1) **図1**のように，それぞれの物体を1個ずつ水平な床に置いたとき，物体が
床を押す力の大きさと物体が床におよぼす圧力が大きいのは，それぞれ物
体Aと物体Bのどちらか。次の**ア〜エ**から最も適当なものを1つ選び，そ
の記号を書きなさい。　　　　　　　　　　　　　　　　　　[　　　]

	ア	イ	ウ	エ
床を押す力の大きさ	物体A	物体A	物体B	物体B
床におよぼす圧力	物体A	物体B	物体A	物体B

重要 (2) **図2**のように，物体Aを3個積み上げて置いた。
積み上げて置いた物体A3個が，床を押す力の
大きさは何Nか，求めなさい。　[　　　]

図2

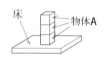

(3) **図2**のように積み上げた物体A3個が床におよぼす圧力と等しくなるの
は，物体Bをどのように積み上げて置いたときか，次の**ア〜エ**から最も適
当なものを1つ選び，その記号を書きなさい。　　　　　　[　　　]

ア

イ

ウ

エ

Key Points **1** (1) 圧力(Pa)＝ $\dfrac{面を垂直に押す力(N)}{力がはたらく面の面積(m²)}$ で求めることができる。

2 【日本付近の天気】**日本付近の天気の変化について，次の問いに答えなさい。**(10点×4)〔富山－改〕

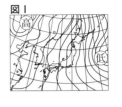

図1

(1) **図1**は，1月のある日の天気図である。この時期に特徴的な冬型の気圧配置のことを何といいますか。

[　　　　　　]

重要 (2) **図1**の時期に，強い影響力をもつ気団は何か，気団名を答えなさい。また，この気団の性質を，次の**ア～エ**から2つ選び，記号で答えなさい。

気団名[　　　　] 性質[　・ 　]

ア 寒冷 **イ** 温暖 **ウ** 多湿 **エ** 乾燥

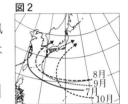

図2

記述 (3) **図2**は，台風の月別の進路傾向を示している。台風の進路が7月から10月のように変化していくのはなぜか，理由を簡単に書きなさい。

[　　　　　　　　　　　　　　　　　]

3 【日本付近の天気】**日本の気象について，次の問いに答えなさい。**

(15点×2)〔高知〕

(1) 下の図の**A～D**は，ある年の8月14日から17日までの，いずれも午前9時における日本列島付近の天気図である。**A～D**を日付の早い順に並べ，**A～D**の記号で書きなさい。

[　　　　　　　　]

A
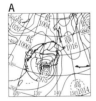

B
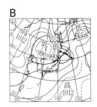

C

D

記述 (2) 右の図は，ある年の1月8日午前9時の日本列島付近の天気図を表したものである。このとき日本列島では，日本海側は雨や雪が降り，太平洋側は晴れることが多い。その理由を，冬の季節風が吹くときの空気中の水蒸気量の変化に基づいて，「海」と「山」の2つの語を使って，書きなさい。

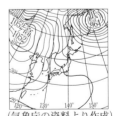

（気象庁の資料より作成）

[　　　　　　　　　　　　　　　　　]

 Key Points
2 (1) 高気圧が日本列島の西に，低気圧が日本列島の東にある。
3 (1) 台風の動きに注目して考える。

第10日 天体の観測

試験に出る重要図表

✎［　］にあてはまる語句を書きなさい。

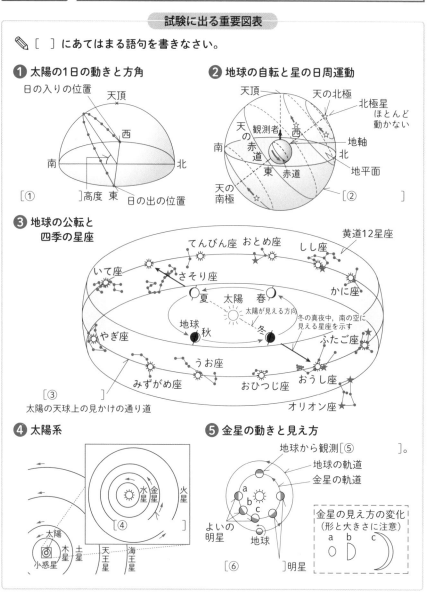

❶ 太陽の1日の動きと方角

日の入りの位置　天頂
西
南　　　　北
高度　東
日の出の位置
［①　　　　　］

❷ 地球の自転と星の日周運動

天頂　　天の北極
北極星 ほとんど動かない
天の赤道
観測者　西
南　　北
東　赤道　地軸
地平面
天の南極
［②　　　　　　　］

❸ 地球の公転と四季の星座

黄道12星座
てんびん座　おとめ座　しし座
いて座
さそり座
夏　太陽　春
太陽が見える方向
かに座
地球
秋　冬
冬の真夜中，南の空に見える星座を示す
やぎ座
ふたご座
うお座
みずがめ座　おひつじ座　おうし座
［③　　　　　］
太陽の天球上の見かけの通り道
オリオン座

❹ 太陽系

水星　金星　火星
太陽
木星　土星
天王星　海王星
小惑星
［④　　　　　］

❺ 金星の動きと見え方

地球から観測［⑤　　　　　］。
地球の軌道
金星の軌道
a
b　c
よいの明星
地球
［⑥　　　　］明星

金星の見え方の変化
（形と大きさに注意）
a　b　c

解答　①南中　②天球　③黄道　④地球　⑤できない　⑥明けの

① 太陽や星の1日の動きと地球の自転の関係を整理しておこう。
② 地球の公転と季節ごとに見える星座の変化をおさえておこう。
③ 太陽系のつくりや月や金星の動きと見え方をおさえておこう。

解答→別冊12ページ

Check1　天体の日周運動（⇨試験に出る重要図表❶❷）

□① 透明半球を使って太陽の動きを記録するとき，サインペンの先の影が，どこに重なるようにするか。　　　　　　　　　　　　［　　　　　　　］

□② ①の位置は何の位置を示すか。　　　　　　　　［　　　　　　　］

□③ 太陽は，天球上を1時間に約何度移動するか。　［　　　　　　　］

□④ 北の空の星は，何という星を中心にして，反時計まわりに回転しているか。
　　　　　　　　　　　　　　　　　　　　　　　［　　　　　　　］

Check2　天体の年周運動（⇨試験に出る重要図表❸）

□⑤ 地球が太陽のまわりを回る運動を何というか。　［　　　　　　　］

□⑥ 地球は1か月に約何度，太陽のまわりを回るか。［　　　　　　　］

□⑦ 太陽は星座の間を西から東へ移動し，1年で1まわりする。この天球上の見かけの太陽の通り道を何というか。　　　　　　［　　　　　　　］

Check3　いろいろな天体（⇨試験に出る重要図表❹❺）

□⑧ 自ら光を出して輝いている天体を何というか。　［　　　　　　　］

□⑨ 太陽のまわりを公転している天体を何というか。［　　　　　　　］

□⑩ ⑨のまわりを公転している天体を何というか。　［　　　　　　　］

□⑪ 地球の内側を公転している惑星を何惑星というか。［　　　　　　　］

□⑫ ⑪に対して，地球の外側を公転する惑星を何というか。［　　　　　　　］

□⑬ 金星が明け方に観測された。どの方角に見えたか。［　　　　　　　］

□⑭ 金星が夕方に観測された。どの方角に見えたか。［　　　　　　　］

記述問題　次の問いに答えなさい。

□同じ時刻に同じ星座を観察すると，毎日少しずつ西へ移動していくように見える。この理由を，簡単に書きなさい。

［　　　　　　　　　　　　　　　　　　　　　　　　　　　　　　　　　　］

第
10
日

第10日 入試実戦テスト

解答→別冊12ページ

1 【太陽の動き】ある場所で，夏至，秋分，冬至の日の太陽の動きを観測した。**図Ⅰ**は1時間ごとに太陽の位置を透明半球上に・印で記録し，その点をなめらかな線で結んだものである。線a，線b，線cは，夏至，秋分，冬至のころのいずれかの太陽の動きを表している。**次の問いに答えなさい。**（10点×4）〔静岡—改〕

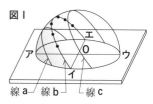

図Ⅰ

線a　線b　線c

(1) **図Ⅰ**の点**O**から見たとき，南の方角はどちらか，**図Ⅰ**の**ア~エ**の中から1つ選び，記号で答えなさい。　　　　　　　[　　　　　]

(記述)(2) **図Ⅰ**から，夏至，秋分，冬至のころでは，日の出，日の入りの方位が変化するのはなぜか，その理由を簡潔に答えなさい。

[　　　　　　　　　　　　　　　　　　　　　　　　　　　　　]

(重要)(3) **図Ⅰ**の線**a~c**のうち夏至の日の太陽の動きはどれか，記号で答えなさい。[　　　]

(4) **図2**は，太陽，地球および黄道付近にある星座の位置関係を，模式的に表したものである。**図Ⅰ**の観測を行った場所では9月中旬の真夜中に，南の方角にうお座が見えた。同じ場所で太陽の動きが線aとなるときの真夜中に東の地平線付近に見られる星座はどれか，**図2**の星座の中から1つ選び，記号で答えなさい。　　　[　　　　　]

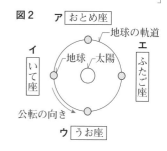

図2

ア おとめ座
地球の軌道
イ いて座
地球　太陽
エ ふたご座
公転の向き
ウ うお座

2 【金星の見え方】右の図は，太陽，金星および地球の位置関係などを模式的に表したものである。**次の問いに答えなさい。**（10点×4）〔栃木〕

(1) 地球や金星のように，自ら光を出さず，恒星のまわりを公転している天体を何といいますか。

[　　　　　　　　　]

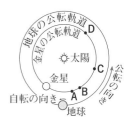

地球の公転軌道
金星の公転軌道
D
☼太陽
C
金星
A B
自転の向き
地球
公転の向き

Key Points **1** (4) 真夜中に東の地平線に見られる星座は，3か月後には真夜中に南の方角に見える。

(2) ある日，太陽が地平線に沈んでから2時間後に，金星が，太陽が沈んだ位置とほぼ同じ位置に沈んだ。この日，地球から見た太陽の方向と金星の方向とがつくる角度は何度になるか，次のア〜エから1つ選びなさい。

[　　　]

ア　約15度　　イ　約30度　　ウ　約45度　　エ　約60度

(3) 地球に対して，金星が図のA，B，C，Dの位置にあるとき，地球から同じ倍率の望遠鏡で見た金星の形と大きさの変化を正しく表しているのはどれか，次のア〜エから1つ選びなさい。ただし，満ち欠けは肉眼で見たときと同じにしてある。

[　　　]

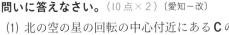

ア	イ	ウ	エ
A B C D	A B C D	A B C D	A B C D

(記述)(4) 金星は真夜中に観測することはできない。その理由を簡潔に書きなさい。

[　　　　　　　　　　　　　　　　　　　　　　　　　　　　　　]

3 【星の動き】ある年に，日本のある地点で北の夜空を観察した。右の図のAはある日の午後8時に，Bは別の日の午後11時に観察したカシオペヤ座を模式的に表したものである。次の問いに答えなさい。(10点×2)〔愛知-改〕

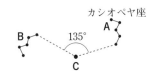

カシオペヤ座

(1) 北の空の星の回転の中心付近にあるCの星は何か，星の名称を答えなさい。

[　　　]

(重要)(2) Bのカシオペヤ座を観察した日は，Aのカシオペヤ座を観察した日からおよそ何か月後か，最も適当なものを，次のア〜カから1つ選び，記号で答えなさい。

[　　　]

ア　1か月後　　イ　2か月後　　ウ　3か月後

エ　4か月後　　オ　6か月後　　カ　9か月後

(Key Points) 2 (2) 天体の日周運動では，天体は1時間に何度移動したか。
3 (2) Bを観察した日の午後8時のカシオペヤ座の位置を考える。

43

総仕上げテスト

解答→別冊13ページ

1 植物のはたらきを調べるために，次の実験を①，②の順に行った。**あとの問いに答えなさい。**（5点×5）〔山梨〕

① **図1**のように，透明なポリエチレンの袋の中へ，新鮮なホウレンソウと十分な空気を入れ密閉したもの**A**，新鮮なモヤシと十分な空気を入れ密閉したもの**B**，十分な空気を入れ密閉したもの**C**の3つを用意し，日光が十分にあたる場所に数時間放置した。

② **図2**のように，ストローを使ってそれぞれの袋の中の気体を，緑色に調整したBTB液に通して，色の変化を調べたところ，次のようになった。

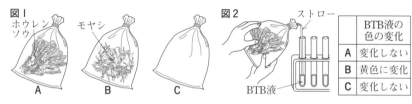

	BTB液の色の変化
A	変化しない
B	黄色に変化
C	変化しない

図1　ホウレンソウ　モヤシ　A　B　C

図2　ストロー　BTB液

(1) **B**の袋の中の気体を通したBTB液の性質は，どのように変化したと考えられるか。次の**ア～エ**から正しいものを選び，記号で答えなさい。[　　　]

　ア　アルカリ性から酸性になった。
　イ　中性から酸性になった。
　ウ　酸性から中性になった。
　エ　中性からアルカリ性になった。

(重要) (2) 実験②の結果から，**B**の袋の中でふえたと考えられる気体は何か，その化学式を書きなさい。また，この気体がふえたのは，植物のどのようなはたらきによるか，そのはたらきを漢字で書きなさい。

　　　　　　　　　　化学式[　　　　]　はたらき[　　　　　　]

(記述) (3) この実験で，**C**を用意したのはなぜか，その理由を簡潔に答えなさい。
　　[　　　　　　　　　　　　　　　　　　　　　　　　　　　　]

(記述) (4) **A**の袋の中の気体を，BTB液に通しても色が変化しなかった。なぜですか。
　　[　　　　　　　　　　　　　　　　　　　　　　　　　　　　]

Key Points　**1** (3) 対照実験という。
　　　　　　　　　(4) **A**の袋の中の二酸化炭素は，どうなっているか。

2 右の図は，2種類の火成岩 **X**，**Y** について，それらをつくっている鉱物の色，形，大きさ，集まり方をルーペで観察し，それぞれスケッチしたものである。また，表は，その観察結果をまとめたものである。**あとの問いに答えなさい。**（5点×5）〔香川〕

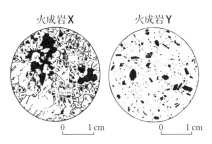

火成岩 **X**	黒色，白色および無色の3種類の鉱物でできており，火成岩 **Y** に比べて，1つ1つの鉱物が大きく，大きさも同じくらいのものが多い。
火成岩 **Y**	形がわからないほど小さな粒の間に，比較的大きな白っぽい鉱物や黒っぽい鉱物が散らばっている。

(1) 火成岩 **X** に含まれる黒色の鉱物を調べたところ，決まった方向にうすくはがれる特徴が見られた。この鉱物は何とよばれるか，鉱物名を書きなさい。

[　　　　　　　　　　]

(2) 火成岩 **X** は大きな鉱物の結晶のみでできている。火成岩 **X** に見られるこのようなつくりは何とよばれるか，その名称を書きなさい。

[　　　　　　　　　　]

(3) 火成岩 **Y** に見られる，比較的大きな鉱物の部分は斑晶（はんしょう）とよばれるが，それ以外の部分は何とよばれるか，その名称を書きなさい。　[　　　　　　　]

重要 (4) 次の文は，火成岩 **Y** のでき方について述べようとしたものである。文中の2つの（　）内にあてはまる言葉を，**ア**，**イ** から1つ，**ウ**，**エ** から1つ，それぞれ選び，記号を書きなさい。　　　　　　　[　　　・　　　]

　　火成岩 **Y** は，そのスケッチや表中の観察結果から考えると，マグマが
① （**ア** 地表あるいは地表にごく近い所　　**イ** 地下の深い所）で，
② （**ウ** ゆっくり　　**エ** 急に）冷やされて固まってできたことがわかる。

記述 (5) 火山には，傾斜の急な火山や傾斜のゆるやかな火山がある。火山の形に，このようなちがいがあるのは，噴火して噴き出される溶岩の性質にちがいがあるためである。それは，どのような性質にちがいがあるためか，簡単に書きなさい。

[　　　　　　　　　　　　　　　　　　　　　　　　　]

- -

Key Points　**2** (4) 鉱物の結晶ができるとき，ゆっくり冷やされると大きく成長する。
(5) マグマは，含まれる鉱物の種類とその量の割合によって，性質が変わる。

3 マツバボタンの遺伝子の組み合わせを特定するために，次のような実験を行った。**あとの問いに答えなさい。**ただし，マツバボタンの花の色は，メンデルが見出した遺伝の規則性に従うものとする。（5点×3）〔長野－改〕

〔実験〕 図のように，赤色の花 **X** に赤色の花の純系 **Y** を交配してできた子は，すべて赤色の花であった。図の [＿＿＿＿] のように，子の代の赤色の花の１つと，白色の花の純系を交配させた結果，孫の代では，赤色の花 **Z** と白色の花が現れた。

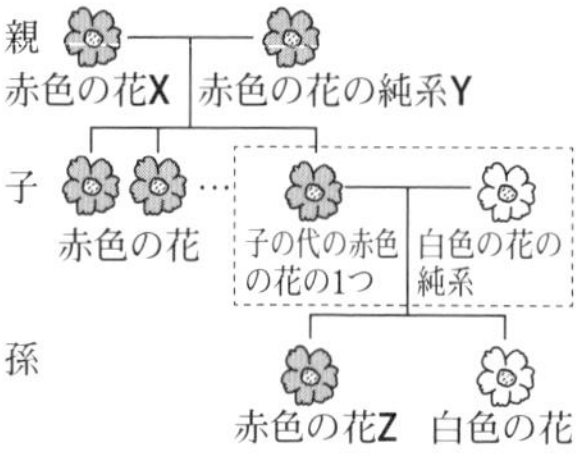

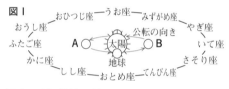

(1) マツバボタンの花の赤色と白色のように，たがいに対をなす形質の名称を，漢字４字で書きなさい。 [　　　　　　　　]

(重要) (2) マツバボタンの花の色を決める遺伝子を，赤色は **R**，白色は **r** で表すとき，**X** の遺伝子の組み合わせを書きなさい。 [　　　　　　　　]

(3) **Z** がもっている遺伝子 **R** が，**Y** から受けつがれている割合は何％か，整数で書きなさい。 [　　　　　　　　]

4 図 I は，春分の日，夏至，秋分の日，冬至のいずれかの日の地球の位置と，太陽および黄道12星座の位置関係を模式的に表したものである。**次の問いに答えなさい。**（5点×3）〔栃木－改〕

図 I

おひつじ座——うお座——みずがめ座
おうし座　　　　　公転の向き　　　やぎ座
ふたご座　　A ⟷ 太陽 ⟷ B　　　いて座
かに座　　　　　地球　　　　　さそり座
しし座——おとめ座——てんびん座

(1) 地球の位置が図 I の **A** および **B** の位置にきたとき，北極星の向きをそれぞれ矢印で示した図として，最も適切なものを，右の**ア～エ**から選びなさい。 [　　　　]

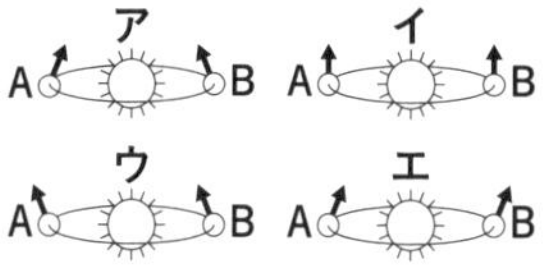

ア A〇B　イ A〇B
ウ A〇B　エ A〇B

(2) 日本のある地点で天体観測を行ったところ，午前０時の南の空におとめ座が観測できた。観測した日から１か月後に南の空の同じ場所におとめ座が観測できるのは何時ごろですか。 [　　　　　　　　]

(3) 地球が図 I の **A** の位置にきたとき，日本のある地点で南の空に図２のような形の月が見えた。このとき，月はどの星座の向きに見えるか，最も適切なものを図 I の黄道12星座の中から１つ選びなさい。 [　　　　　　　　]

図２

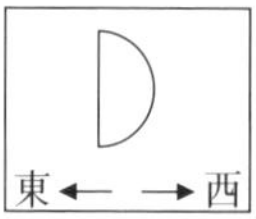

東 ← → 西

(Key Points)
3 (2) 孫の代に白色の花ができることから考える。
4 (3) 上弦の月が南の空に見えるのは，午後６時ごろである。

5 【天気の変化】図は，空気のかたまりが，標高 0 m の地点 **A** から斜面に沿って上昇し，ある標高で露点に達して雲ができ，標高 1700m の山を越え，反対側の標高 0 m の地点に吹き下りるまでのようすを模式的に表したものである。表は，気温と飽和水蒸気量の関係を示したものである。**次の問いに答えなさい。**（5 点×4）〔静岡〕

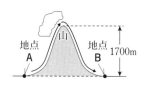

気温 [℃]	飽和水 蒸気量 [g/m³]
1	5.2
2	5.6
3	6.0
4	6.4
5	6.8
6	7.3
7	7.8
8	8.3
9	8.8
10	9.4
11	10.0
12	10.7
13	11.4
14	12.1
15	12.8
16	13.6
17	14.5
18	15.4
19	16.3
20	17.3

(1) 次の ▢ の中の文が，空気のかたまりが上昇すると，空気のかたまりの温度が下がる理由について適切に述べたものとなるように，文中の（**a**），（**b**）のそれぞれに補う言葉の組み合わせとして，下の**ア〜エ**の中から正しいものを 1 つ選び，記号で答えなさい。 ［　　　］

> 上空ほど気圧が（ **a** ）なり，空気のかたまりが（ **b** ）するから。

ア **a** 高く　**b** 膨張　　**イ** **a** 高く　**b** 収縮
ウ **a** 低く　**b** 膨張　　**エ** **a** 低く　**b** 収縮

(2) ある晴れた日の午前 11 時，地点 **A** の気温は 16℃，湿度は 50％であった。この日，図のように地点 **A** の空気のかたまりは，上昇して山頂に到達するまでに，露点に達して雨を降らせ，山を越えて地点 **B** に吹き下りた。

① 地点 **A** の空気のかたまりが露点に達する地点の標高は何 m か。また，地点 **A** の空気のかたまりが標高 1700m の山頂に達したときの，空気のかたまりの温度は何℃か。それぞれ計算して答えなさい。ただし，露点に達していない空気のかたまりは 100 m 上昇するごとに温度が 1℃下がり，露点に達した空気のかたまりは 100 m 上昇するごとに温度が 0.5℃下がるものとする。　標高［　　　　　］　温度［　　　　　］

② 山頂での水蒸気量のまま，空気のかたまりが山を吹き下りて地点 **B** に到達したときの，空気のかたまりの湿度は何％か。小数第 2 位を四捨五入して，小数第 1 位まで書きなさい。ただし，空気のかたまりが山頂から吹き下りるときには，雲は消えているものとし，空気のかたまりは 100m 下降するごとに温度が 1℃上がるものとする。［　　　　　］

- -

 Key Points **5** (2) 16℃の飽和水蒸気量と湿度から，地点 **A** の水蒸気量を求める。

試験における実戦的な攻略ポイント5つ

① 問題文をよく読もう！

問題文をよく読み，意味の取り違えや読み間違いがないように注意しよう。
選択肢問題や計算問題，記述式問題など，解答の仕方もあわせて確認しよう。

② 解ける問題を確実に得点に結びつけよう！

解ける問題は必ずある。試験が始まったらまず問題全体に目
を通し，自分の解けそうな問題から手をつけるようにしよう。
くれぐれも簡単な問題をやり残ししないように。

③ 答えは丁寧な字ではっきり書こう！

答えは，誰が読んでもわかる字で，はっきりと丁寧に書こう。
せっかく解けた問題が誤りと判定されることのないように注意しよう。

④ 時間配分に注意しよう！

手が止まってしまった場合，あらかじめどのくらい時間をかけるべきかを決めておこう。
解けない問題にこだわりすぎて時間が足りなくなってしまわないように。

⑤ 答案は必ず見直そう！

できたと思った問題でも，誤字脱字，計算間違いなどをしているかもしれない。ケアレ
スミスで失点しないためにも，必ず見直しをしよう。

受験日の前日と当日の心がまえ

前日

● 前日まで根を詰めて勉強することは避け，暗記したものを確認する程度にとどめておこう。
● 夕食の前には，試験に必要なものをカバンに入れ，準備を終わらせておこう。
　また，試験会場への行き方なども，前日のうちに確認しておこう。
● 夜は早めに寝るようにし，十分な睡眠をとるようにしよう。もし
　翌日の試験のことで緊張して眠れなくても，遅くまでスマートフ
　ォンなどを見ず，目を閉じて心身を休めることに努めよう。

当日

● 朝食はいつも通りにとり，食べ過ぎないように注意しよう。
● 再度持ち物を確認し，時間にゆとりをもって試験会場へ向かおう。
● 試験会場に着いたら早めに教室に行き，自分の席を確認しよう。また，トイレの場所も
　確認しておこう。
● 試験開始が近づき緊張してきたときなどは，目を閉じ，ゆっくり深呼吸しよう。

解 答・解 説

第 1 日　花のつくりと植物の分類

▶p.5

Check

① がく　② 受粉　③ 種子　④ 雌花
⑤ 単子葉類　⑥ 平行　⑦ 主根
⑧ 網目状（網状脈）　⑨ 裸子植物
⑩ 離弁花類　⑪ 胞子　⑫ シダ植物
⑬ 地下

記述問題

種子をつくってなかまをふやす。

▶p.6~7

入試実戦テスト

1 (1)（めしべ→）b（→）c（→）a
　(2) ア　(3)① ア　② ウ
2 (1) 柱頭　(2) ア
　(3)① 葉・茎・根　② からだの表面
　(4) 胚珠が子房の中にあるかどう
　　　かという基準。

解 説

1 (1) 花は外側から，**がく，花弁，おしべ，めしべ**の順についている。
(2) 胚珠が子房の中にある被子植物は，花粉がめしべの柱頭につくことで受粉するが，胚珠がむき出しになっている裸子植物では，雌花のりん片にある胚珠に花粉が直接つくことで受粉する。
(3) アブラナは胚珠が子房の中にある被子植物，マツは子房がなく胚珠がむき出しになっている裸子植物である。

絶対暗記

○ 被子植物…胚珠→種子，子房→果実
○ 裸子植物…胚珠→種子
　　　　　子房がなく果実はできない。

2 (1) めしべの先端部分を**柱頭**といい，ここに花粉がつくことを受粉という。
(2) **図2**よりキャベツの葉脈は網状脈なので，双子葉類ということがわかる。双子葉類の根は主根と側根からなる。
(3) ゼニゴケには，葉，茎，根の区別がない。根のように見える部分はからだを固定する役割をする仮根である。水分の吸収は，からだの表面全体で行っている。
(4) サクラとキャベツは胚珠が子房の中にある被子植物，マツは子房がない裸子植物である。

ミス注意！　イヌワラビの葉の柄の部分を茎とまちがえないように注意。地下茎も根とまちがえないように覚えておこう。

第 2 日　動物のからだのつくりと分類

▶p.9

Check

① 卵生　② 両生類　③ 節足動物
④ 外骨格　⑤ 軟体動物
⑥ 感覚神経　⑦ 運動神経
⑧ 末しょう神経　⑨ 中枢神経
⑩ 反射　⑪ 関節

記述問題

乾燥にたえられる点。

ひっぱると、はずして使えます。

▶p.10〜11

入試実戦テスト

1 (1)0.26秒　(2)運動神経
　　(3)BCACD　(4)ア

2 (1)ア　(2)肺呼吸，皮膚呼吸
　　(3)子が親の体内(子宮内)で，ある
　　　程度育ってから生まれること。

3 (1)ウ
　　(2)視野が広いので，敵を早く見
　　　つけることができる。

解説

1 (1) 6人に伝わるのに，1.56秒かかっ
ているので，1人の人にかかる時間は，
$1.56 \div 6 = 0.26$〔秒〕
(2)感覚器官で受けとった刺激の信号を
中枢神経に伝える神経が**感覚神経**，中枢
神経で出された命令の信号を運動器官に
伝える神経が**運動神経**である。
(3)握られてから隣の人の手を握るまで
の信号は，皮膚→脊髄→脳→脊髄→筋肉
と伝わっていく。
(4)筋肉は腕を囲むように向き合ってつ
いており，腕を曲げるときは**ア**の筋肉が，
腕をのばすときは**イ**の筋肉が縮む。「腕
を曲げる」という命令の信号は**ア**の筋肉
に伝えられ，**ア**の筋肉が縮むため腕が曲
がる。

絶対暗記

反応の信号が伝わる経路
○通常の反応…感覚器官→感覚神経→
　　　　　　　　脊髄→脳→脊髄→
　　　　　　　　運動神経→筋肉
○反射…感覚器官→感覚神経→脊髄→
　　　　　運動神経→筋肉

2 (1)カンガルーはほ乳類であるが，体
表と子の生まれ方の条件にあてはまらな

い。ワニはは虫類である。ペンギンは鳥
類であるが，体表の条件にあてはまらな
い。
(2)両生類であるイモリの子は，水中で
生活するためえらと皮膚で呼吸をするが，
親になると陸上で生活するようになり，
肺と皮膚で呼吸する。
(3)**胎生**はほ乳類だけに見られ，親は生
まれた子に乳を与えて育てる。

ミス注意！　子の生まれ方が胎生な
のはほ乳類である。また，一生えら
呼吸するのが魚類，親と子で呼吸の
しかたが変わるのが両生類である。
残りのは虫類と鳥類は，体表のよう
すで分類することができる。セキツ
イ動物の各種類の特徴を，しっかり
覚えておこう。

3 (1)ライオンは肉食動物で，**犬歯**が発
達している。犬歯は獲物をしとめるため
に長く鋭い。また，ライオンは肉を引き
さくために**臼歯もとがっている**。一方，
シマウマは草食動物で，草をかみ切る**門
歯**と，草をすりつぶす**臼歯**が発達してい
る。シマウマの臼歯は，上面が平らになっ
ていて，草をすりつぶしやすい形になっ
ている。
(2)ライオンの目は，獲物までの距離を
正確にはかり，追いかけるのに都合がよ
いように，**顔の前面**に並んでついている。
一方，草食動物のシマウマは，絶えず周
囲に敵がいないかを警戒する必要がある
ため，目が**顔の側面**についていて，広い
範囲を見渡すことができるようになって
いる。

ミス注意！　解答に指定された語句
である「視野」「敵」の2語が必ず入
るように文を考えよう。意味が正し
い解答になっていても，指定された

語が入っていない場合は正解とはならない。

▶p.13

Check
① 葉緑体　② 二酸化炭素　③ 酸素
④ 酸素　⑤ 二酸化炭素　⑥ 道管
⑦ 双子葉類　⑧ 蒸散　⑨ 網膜
⑩ 鼓膜

記述問題
昼間は，呼吸でとり入れられる酸素よりも，光合成で生じる酸素のほうが多いから。

▶p.14～15

入試実戦テスト
1 (1)**ウ**　(2)**エタノール**
　　(3) X…**葉緑体**　Y…**イ**
2 (1)**蒸散**
　　(2)**水面からの水の蒸発を防ぐため。**
　　(3)**イ**
3 **鼓膜**

解 説

1 (1)光があたっていた葉には，光合成によって**デンプン**ができている。そのデンプンが残っていると，新たに実験によってできるデンプンとの区別がつかなくなる。これを防ぐために，光をあてない時間をとって，葉からデンプンが運び出されて，できるだけ葉にデンプンが残っていない状態にする。
(2)葉をあたためたエタノールに入れると，葉の緑色の色素がとけだすため，葉の色がうすくなり，ヨウ素液による色の変化を観察しやすくなる。
(3) a は緑色の部分，b はふの部分で，どちらも光があたっていた部分である。また，光合成には光が必要であることは，光があたっている緑色の部分（a の部分）と，光があたっていない緑色の部分（d の部分）を比較する。

ミス注意！　実験結果を比較して，結果のちがいをもたらした条件を見出す場合は，調べたい条件以外の条件が同じになっているものを比較する必要がある。複数の条件がちがっているものどうしを比較すると，実験結果のちがいをもたらした条件を確定することができない。

絶対暗記
光合成のしくみ

2 (1)根から吸い上げた水が，植物のからだの表面にある気孔から水蒸気として出ていくことを，**蒸散**という。蒸散が行われることで，植物の根からの水の吸い上げがさかんになり，水が根から茎や葉へと運ばれていく。
(2)水面から水が蒸発すると，水の減少が蒸散によるものか，水の蒸発によるものかわからない。蒸散による水の減少量を調べるときは，水面からの水の蒸発を防ぐため，少量の油で水面をおおう。
(3) A は葉の裏側と茎からの蒸散量，B は葉の表側と茎からの蒸散量，C は茎からの蒸散量を表している。葉のどこにもワセリンをぬらないときの水の減少量は，葉の表側，葉の裏側，茎からの蒸散量の

合計となる。よって，A＋B－C＝4.8＋2.6－1.1＝6.3となる。

> **ミス注意！** 葉にワセリンをぬっても，茎からは蒸散が行われていることに注意しよう。茎からの蒸散量は，葉の表側と裏側にワセリンをぬったときの蒸散量となる。

3 耳は，音(空気の振動)を**鼓膜**でとらえ，耳小骨を通してうずまき管内を満たす液体に振動を伝える。うずまき管内の感覚細胞が刺激の信号を脳に送り，聴覚が生じる。

耳小骨
鼓膜
うずまき管

絶対暗記

いろいろな感覚器官

感覚器官	刺激の種類	感覚
目	光	視覚
耳	音	聴覚
鼻	におい	嗅覚
舌	味	味覚
皮膚	温度，圧力など	触覚

第4日 消化と吸収 血液の循環

▶ p.17

Check

① 消化　② 消化液　③ 柔毛
④ ブドウ糖　⑤ 動脈　⑥ 静脈
⑦ 赤血球　⑧ 肺胞　⑨ 肝臓
⑩ ぼうこう

記述問題

小腸の内壁の表面積が広くなることによって，栄養分を効率よく吸収できる。

▶ p.18～19

入試実戦テスト

1 (1) S，R，T
(2)① 消化酵素
　　② ブドウ糖の方が粒が小さく，水にとけやすいから。

2 (1) c
(2) 多いところ…酸素と結びつく。
　　少ないところ…酸素をはなす。
(3) **イ・エ**　(4) 50秒

3 (1) 肺胞　(2) 毛細血管　(3) 動脈

解　説

1 (1) 実験結果の**A**より，デンプンの粒はセロハン膜の穴を通ることができないことがわかり，実験結果の**B**より，ブドウ糖がとけた粒はセロハン膜の穴を通ることができることがわかる。これらのことより，デンプンの粒はセロハン膜の穴より大きく，ブドウ糖の粒はセロハン膜の穴より小さいといえる。

> **ミス注意！** 実験結果の**A**で，セロハン膜の下の液がヨウ素液で変化しなかったことは，デンプンがセロハン膜を通りぬけなかったことを示す。また，実験結果の**B**で，セロハン膜の下の液にベネジクト液を加えて加熱したときの色が変化したことは，ブドウ糖がセロハン膜を通りぬけたことを示す。実験結果が示す意味を，まちがいなく読みとろう。

(2)① 消化酵素には，デンプンにはたらくアミラーゼの他に，タンパク質にはたらくペプシン，脂肪にはたらくリパーゼなどの，さまざまな種類がある。
② デンプンは水にとけないので，血液

4

中にとかして運ぶことができないが，ブドウ糖は水にとけやすいので，血液の液体成分である血しょうにとかして運ぶことができる。

2 (1)栄養分は小腸の柔毛から吸収されるので，小腸を出た直後の血管である c を流れる血液に最も多く含まれる。

(2)赤血球に含まれるヘモグロビンには，肺胞のような酸素の多いところでは酸素と結びつき，酸素の少ないところでは酸素をはなす性質がある。この性質によって，からだの各部の細胞に酸素を渡すことができる。

(3)アミノ酸が分解されるとアンモニアができる。アンモニアは有害な物質であるため，血液によって肝臓に運ばれ，肝臓で害の少ない尿素に変えられ，じん臓に送られる。尿素はじん臓で不要な水や塩分とともに血液中からこし出されて尿となり，ぼうこうに一時ためられた後，体外に排出される。

(4) 1秒間に送り出される血液の量は

$$80 \times \frac{75}{60} = 100 〔cm^3〕$$ よって，5000 cm³

の血液が心臓から送り出されるのにかかる時間は$\frac{5000}{100} = 50$〔秒〕となる。

絶対暗記

血液の循環

○**体循環**…心臓→動脈→全身の細胞
　　　　　　→静脈→心臓

○**肺循環**…心臓→肺動脈→肺→肺静脈
　　　　　　→心臓

3 (1), (2)気管支の先は**肺胞**という小さな袋になっていて，その袋を毛細血管がとり巻いている。

(3)心臓から肺に向かう血液が流れる血管は動脈である。二酸化炭素が多く含まれている血液(静脈血)は，肺循環では心臓から肺へ向かう動脈(肺動脈)を流れて

いるが，体循環では全身の組織から心臓へ向かう静脈を流れている。

ミス注意！ 二酸化炭素が多く含まれている血液が静脈を流れていることから，肺循環でも同様に肺静脈を流れていると考えないように注意しよう。

第5日 **生物のふえ方と遺伝**

▶p.21

Check

①染色体　②同じ数になっている。

③有性生殖　④無性生殖

⑤減数分裂　⑥A…顕性　B…潜性

⑦DNA　⑧相同器官

記述問題

生殖細胞の染色体の数の2倍になっている。

▶p.22～23

入試実戦テスト

1 (1)ウ

(2)酢酸カーミン液
　（酢酸オルセイン液）

(3)名称…染色体　記号…エ

(4) g (→) f (→) e

(5) Aの部分の細胞は分裂してその数をふやし，Bの部分の細胞は大きくなり，根が成長する。

2 (1)対立形質　(2)ウ　(3) 5：1

3 形やはたらきは異なっていても，基本的なつくり

1 (1)塩酸には，植物細胞の細胞壁に含まれる成分を分解して，1つ1つの細胞をばらばらに離れやすくするはたらきがある。また，塩酸で処理した細胞が死ぬので，細胞分裂が止まった状態で固定され，観察することができる。

(2)植物の根の細胞で，細胞分裂のようすを観察するときは，うすい塩酸で細胞1つ1つを離れやすくしたあと，**酢酸カーミン液**や**酢酸オルセイン液**などの染色液で核を染色し，カバーガラスをかけ，その上をろ紙でおおい，親指でゆっくり根を押しつぶす。こうすることで，細胞どうしの重なりが少なくなり，観察しやすくなる。

(3)染色体は，細胞分裂のときだけ，核に現れる。

(4)根の先端付近である A の部分の細胞分裂している細胞 e がいちばん小さい。B→C と根もとに近くなるにつれて，細胞も大きくなっている。このことは，A ～ C の部分を観察したときの観察倍率からも，確認することができる。

(5)生物のからだは，からだをつくる細胞が分裂して数をふやし，分裂してできた細胞がそれぞれ大きくなることで成長していく。

> **ミス注意！** 生物のからだが成長するのは，細胞分裂で細胞の数がふえるためだけではないことに注意する。

2 (1)エンドウの種子の形の丸としわのように，同時に現れない形質を**対立形質**という。

(2)丸い種子としわのある種子をかけ合わせたとき，子に丸い種子としわのある種子が1：1でできたことから，親の丸い種子はAa，しわのある種子はaaの遺伝子をもっていることがわかる。よって，子の丸い種子がもつ遺伝子はすべてAaで，この子がつくる**生殖細胞**は，Aとaが同じ数だけできる。

(3)孫はAaの遺伝子をもつ親のかけ合わせとなり，AA：Aa：aa＝1：2：1となる。このうち，丸い種子であるAAとAaの遺伝子をもつものを自家受粉させると，下の表のようになる。

	A	A				A	a
A	AA	AA		$2\times$	A	AA	Aa
A	AA	AA			a	Aa	aa

$(AA＋Aa)：aa＝(4＋2\times3)：2\times1$
$＝10：2＝5：1$

> **ミス注意！** Aa の遺伝子をもつ丸い種子は AA の遺伝子をもつ丸い種子の2倍の数あることに注意する。

> **絶対暗記**
> AA の親と aa の親をかけ合わせると，子の遺伝子はすべて Aa。Aa の子どうしをかけ合わせると，孫の遺伝子は AA，Aa，Aa，aa。このとき，A の形質が現れる個体の数と，a の形質が現れる個体の数の割合は，3：1。

3 セキツイ動物の前あしにあたる部分は，コウモリの翼，ヒトのうでのように，生活場所が異なるとそのはたらきも異なるが，骨格を調べると基本的なつくりは同じである。このような器官を**相同器官**といい，それぞれの動物が同じつくりをもつセキツイ動物から進化してきた証拠と考えられている。

進化の証拠

〇 **シソチョウの化石**…は虫類と鳥類との中間の特徴をもつ。

〇 **相同器官**…異なる種類の生物どうしに，発生起源が同じであると考えられる相同器官が見られる。

。。。。。。。
第 **6** 日 **生物と環境とのかかわり**

▶ p.25

Check

① 生産者　② 消費者　③ 分解者
④ 植物　⑤ 草食動物　⑥ 有機物
⑦ 二酸化炭素　⑧ 水

記述問題

海水面の上昇，低地の水没，洪水や干ばつが起こる。

▶ p.26～27

入試実戦テスト

1 (1)食物網　(2)エ
　　(3)① ア
　　　　② 大規模な自然災害。外来種が持ちこまれる。人間による乱獲。（などから１つ）
2 (1)気体…酸素　はたらき…光合成
　　(2)菌類・細菌類が，ふんを無機物に分解したから。
3 (1)ア，ウ，オ
　　(2)a，c，d，g

━━━━━━━ **解 説** ━━━━━━━

1 (1)生物どうしの食べる・食べられるの関係を**食物連鎖**という。１種類の生物は，複数の食物連鎖に関係しているため，実際には食物連鎖は複雑に入り組んでい

る。このつながりを**食物網**という。

(2) Ⅰの植物は光合成によって有機物をつくる**生産者**，Ⅱの草食動物，Ⅲの肉食動物はともに自分で有機物をつくることができず，ほかの生物から有機物を得る**消費者**である。

(3)① Ⅱの草食動物が減ると，えさとなるものが減るためⅢの肉食動物は減少する。一方，草食動物に食べられる量が減るため，Ⅰの植物は増加する。

┌──────────────────────┐
│ **ミス注意！**　生物Ⅰと生物Ⅲの数量
│ の変化のしかたは，逆になることに
│ 注意する。
└──────────────────────┘

② 生物のつり合いは，外来種を持ちこんだり，乱獲をするなどの人間の活動や，大規模な自然災害によってくずれてしまう。

2 (1)ペットボトルは十分に明るい場所に置かれているので，植物であるオオカナダモは光合成を行い，酸素を放出する。

(2)メダカのふんは有機物である。有機物は，土の中にいる菌類・細菌類（分解者）によって，無機物に分解される。

3 (1)シイタケやカビはどちらも菌類であり，土の中の生物の死がいなどから栄養分を得ているので，消費者であり，分解者である。モグラは，土の中のミミズを食べる肉食動物であるため，消費者である。

(2)呼吸は，酸素をとり入れ，二酸化炭素を出すはたらきである。生産者，消費者，分解者のすべての生物が呼吸をするため，それぞれから出ている矢印を選ぶ。

〇 **生産者**…植物

〇 **消費者**…草食動物，肉食動物

〇 **分解者**…土の中の小動物，菌類，細菌類

▶p.29

Check

① マグマ　② 鉱物　③ 深成岩
④ 火山岩　⑤ 凝灰岩　⑥ 石灰岩
⑦ 示相化石　⑧ 震源
⑨ 初期微動継続時間　⑩ 震度

記述問題

広い範囲に生息し，短期間だけ栄え
た生物の化石。

▶p.30〜31

入試実戦テスト

1 (1) A…斑晶　B…石基
　　(2)斑状組織　(3) D
　　(4)マグマのねばりけ　(5)ア
2 (1)断層　(2)示準化石　(3)ウ
3 (1)イ　(2)エ

解　説

1 (1) Aのような大きな鉱物の結晶を**斑
晶**，Bのような小さな鉱物の集まりやガ
ラス質の部分を**石基**という。
(2)**図1**のような，石基の部分に斑晶が
散らばっているつくりを**斑状組織**といい，
マグマが地表付近で急速に冷え固まって
できた**火山岩**に見られるつくりである。
一方，同じくらいの大きさの鉱物の結晶
が組み合わさっているつくりを**等粒状組
織**といい，マグマが地下深くでゆっくり
冷え固まってできた**深成岩**に見られるつ
くりである。

絶対暗記

火成岩

○ **深成岩**…マグマが地下でゆっくり冷
え固まってできる。**等粒状組織**。

○**火山岩**…マグマが地表近くで急速に
冷え固まってできる。**斑状組織**。

(3) **C**は小麦粉の量が少ないためねばり
けが小さく，**D**は小麦粉の量が多いため
ねばりけが大きい。**図3**は盛り上がった
形をしているためねばりけが大きく，**D**
の袋をしぼり出したものとわかる。
(4)小麦粉のねばりけが変わると，しぼ
り出したものの盛り上がり方が変わるの
と同じように，火山ではマグマのねばり
けが変わると火山の形にちがいができる
と考えられる。
(5)**図1**から斑状組織をもつ火山岩であ
り，**図4**からマグマのねばりけが小さい
ことがわかる。マグマのねばりけが小さ
いほど有色鉱物を多く含む。玄武岩と流
紋岩は火山岩で，玄武岩のほうが有色鉱
物を多く含み，黒っぽい。花こう岩とは
んれい岩は深成岩である。

絶対暗記

火成岩の色

火成岩の色は，岩石に含まれる無色
鉱物と有色鉱物の割合によって，次の
ようになる。

	白っぽい ◀━━━ ▶ 黒っぽい		
火山岩	流紋岩	安山岩	玄武岩
深成岩	花こう岩	閃緑岩	はんれい岩

2 (1)断層は，地層に水平方向の強い力
がはたらいたときに，地層に割れ目がで
きて，ずれが生じたものである。図の
a－a′の断層は，左側が上に，右側が
下にずれていることから，水平方向に強
く引っ張られてできたものと考えられる。
このような断層を正断層という。
(2)ビカリアは，**新生代**の**示準化石**であ
る。
(3)サンゴは**示相化石**で，地層が堆積し
た当時，その地域が**あたたかく浅い海**で
あったことを示す。

3 (1)海底につらなる大山脈を**海嶺**という。プレートは海嶺で生まれ,少しずつ大陸方向へ移動してゆき,**海溝**で大陸のプレートの下に沈みこむ。

(2) **B**の部分では,海のプレートが大陸のプレートの下に沈みこんでいる。この地点では大陸のプレートの先端が,海のプレートの動きによって引きずりこまれているが,限界を超えるとはね上がり,大きな地震を引き起こす場合がある。このような地震は海底の地形に大きな変化をおよぼす場合があるので,津波の原因ともなる。一方,**A**の部分で起こる地震は,活断層が動くときに発生するものなどで,陸地の地下で生じるので津波を引き起こすことはない。

第**8**日 **天気とその変化 ①**

▶p.33

Check

①◎ ②停滞前線 ③上昇気流
④飽和水蒸気量 ⑤露点 ⑥湿度
⑦前線面 ⑧前線 ⑨寒冷前線
⑩停滞前線

記述問題

前線の通過時に強いにわか雨となり,通過後気温が下がる。

▶p.34～35

入試実戦テスト

1 (1)(右図)
(2)52%
(3)**エ**

2 ①低く ②大きく ③下がる

3 (1)(右図)
(2)天気…**くもり→雨**
　　風向…**南西→北**
(3)寒冷前線付近…**ウ**
　　温暖前線付近…**カ**
(4)②,①,③

解説

1 (1)風向は風が吹いてくる方向に矢を向けて示す。風力ははねの数で示す。
(2)乾球の読みは11℃,湿球の読みは7℃だから,示度の差は4℃になる。表の乾球の読み11℃と示度の差4℃の交点の湿度を読みとる。

ミス注意! 乾球と湿球をまちがえないように。湿球は,球部が湿らせたガーゼなどでおおわれたほうである。

(3)湿度が低いと,湿球を包むガーゼの水分が蒸発する。このとき,湿球から熱をうばうので,湿球の示度が乾球の示度より下がる。**ア**はコップの表面の空気が冷やされて露点に達し,コップに水滴がついたものである。**イ**は物質のもつ性質である。**ウ**は平地と山の上で気圧がちがうために起こる現象である。

空気中の水蒸気量

空気中に含まれる水蒸気量〔g/m³〕

まだ含むことのできる水蒸気量

水滴ができる

湿度100%

露点

気温〔℃〕

湿　度

$$湿度〔\%〕 = \frac{空気1m^3に含まれる水蒸気量〔g/m^3〕}{その温度での飽和水蒸気量〔g/m^3〕} \times 100$$

2 空気が上昇すると，まわりの気圧が低くなるため膨張し，上昇する空気の温度が下がる。空気の温度が**露点**に達すると，空気中の水蒸気の一部が水滴になり，気温がさらに下がると氷の粒ができる。この水滴や氷の粒はとても小さいのでほとんど落下しない。これが雲である。このように雲は低気圧の中心付近のような上昇気流のできるところで多く発生する。

気圧が低くなると，空気は膨張して体積が大きくなる。このとき，空気の温度が下がることを覚えておこう。

3 (1)日本付近の低気圧にともなう前線は，西側に寒冷前線，東側に温暖前線ができることが多い。

(2)**図2**より，3月10日の6時から9時にかけて気温が急激に下がっているので，**X－Y**は寒冷前線であると考えられる。寒冷前線付近では強い上昇気流が生じ，強いにわか雨になる。また，寒冷前線の通過前には南寄りの風であるが，通過後は北寄りの風になり気温は下がる。**図2**の天気図記号を見ると，天気はくもりから雨に，風向は南西から北に変わってい

ることがわかる。

(3)寒冷前線付近では，寒気が暖気の下にもぐりこみ，暖気を押し上げるように進む。温暖前線付近では暖気が寒気の上にはい上がるようにして進む。

(4)気温が高いほど飽和水蒸気量は大きいので，湿度が同じとき，気温が高いほど空気1m³に含まれる水蒸気量は多くなる。①②③で最も気温が高いのは②，低いのは③である。

寒冷前線と温暖前線

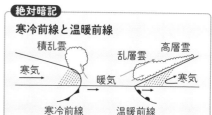

積乱雲　寒気　暖気　乱層雲　高層雲　寒気　寒冷前線　温暖前線

第9日　天気とその変化 ②

▶p.37

Check

① 大きくなる。　② 大きくなる。

③ ヘクトパスカル(hPa)

④ あらゆる向き　⑤ 小さくなる。

⑥ 下降気流　⑦ 低気圧

⑧ 西高東低　⑨ 南東

⑩ 梅雨　⑪ 小笠原気団

⑫ あたたかく湿っている。

⑬ シベリア気団

記述問題

山の上のほうが気圧が低く，ふくろを外側から押す力が小さいから。

▶p.38～39

入試実戦テスト

1 (1)**ウ**　(2)**1.2N**　(3)**ウ**

2 (1)西高東低
(2)気団名…シベリア気団
性質…ア，エ
(3)太平洋高気圧(小笠原気団)が
衰退していくから。

3 (1)C，A，D，B
(2)大陸からの季節風が，海の上
を通過するときに大量の水蒸
気を含むようになり，<u>山を越
えるときに雪や雨となって水
蒸気を失うから</u>。

---

1 (1)床を押す力の大きさは，**A**は0.4N，
Bは1.2Nである。底面積は**A**は 4 cm²
= 0.0004m²，**B**は16cm² = 0.0016m²
より，圧力を求めると，

Aは $\dfrac{0.4(\text{N})}{0.0004(\text{m}^2)} = 1000(\text{Pa})$

Bは $\dfrac{1.2(\text{N})}{0.0016(\text{m}^2)} = 750(\text{Pa})$ となり，物
体が床を押す力の大きさが大きいのは**B**，
物体が床におよぼす圧力が大きいのは**A**
となる。

> **ミス注意!** 圧力を計算するときに
> は，力の単位をニュートン(N)，面
> 積の単位を平方メートル(m²)にする
> ことを忘れないようにする。

(2)0.4Nの物体が 3 個積み上げられてい
るので，0.4×3 = 1.2(N)
(3)**図2**では，力の大きさが**A** 1 個のと
きの 3 倍になっているので，圧力も 3 倍
になり，1000×3 = 3000(Pa)
B 1 個のときの圧力は750Paであり，**B**
を積み重ねて3000Paにするには
$\dfrac{3000}{750}$ = 4 (個) の**B**が必要となる。

> **絶対暗記**
> **圧 力**
> $$\text{圧力}(\text{Pa}) = \dfrac{\text{面を垂直に押す力}(\text{N})}{\text{力がはたらく面の面積}(\text{m}^2)}$$

2 (1)冬のころに，シベリア高気圧が発
達し，オホーツク海付近に低気圧の中心
ができ，**西高東低**の気圧配置になる。日
本付近は等圧線が南北に並んだ形になる。
(2)シベリア気団は陸上に発達する気団
なので乾燥しており，高緯度なので寒冷
な気団となる。
(3)台風は，南方の海上で発達した高気
圧の周縁部を沿うように移動する場合が
多い。高気圧の勢力が強い夏のころは西
のほうへ大きく回りこむようにして進み，
高気圧の勢力がおとろえてくる秋のころ
には，比較的はやく北のほうへ進路を変
えるようになる。

> **絶対暗記**
> **日本の天気にかかわる気団**
> ○**シベリア気団**…寒冷，乾燥
> ○**オホーツク海気団**…低温，湿潤
> ○**小笠原気団**…高温，湿潤

3 (1)台風の動きに注目するとよい。日
本の南の海上にある台風(**C**)は，北上し
て四国付近に上陸する(**A**)。その後日本
海へ進み(**D**)，低気圧となる(**B**)。
(2)大陸からの季節風は，季節風よりも
あたたかい日本海の上空を通るときに海
面からの水蒸気を含みながら上昇し，雲
をつくる。さらに日本列島の中央部に連
なる山脈にぶつかって強い上昇気流とな
り，雪を降らせる。日本海側で雪を降ら
せたことで大気は水蒸気を失い，太平洋
側では冷たく乾いた北西の風として吹き
下りるため，乾燥した晴れの天気となる。

▶p.41

Check

① 透明半球の中心　② 観測者
③ 15度　④ 北極星　⑤ 公転
⑥ 30度　⑦ 黄道　⑧ 恒星　⑨ 惑星
⑩ 衛星　⑪ 内惑星　⑫ 外惑星
⑬ 東　⑭ 西

記述問題

地球が太陽のまわりを 1 年で 1 回公転しているため。

▶p.42〜43

入試実戦テスト

1 (1)ア
　(2)地軸が公転面に対して傾いているから。
　(3) c　(4)ア
2 (1)惑星　(2)イ　(3)ア
　(4)金星の公転軌道は，地球の公転軌道の内側にあるから。
3 (1)北極星　(2)ウ

解　説

1 (1) 1 日の太陽の動きの中で，太陽が最も高くなるのは，太陽が真南にきたときであり，これを**南中**という。このことから，太陽が最も高くなっている**ア**の方角が南となる。
(2)地球の地軸が，**公転面に垂直な方向対して約23.4度傾いたまま公転**しているため，季節が変化する。
(3)夏至のころは南中高度が高く，冬至のころは低い。また，日の出と日の入りの位置は，夏至のころはどちらも北寄りに，冬至のころはどちらも南寄りになり，

春分，秋分のころは真東，真西になる。これより，線 a が冬至，線 b が春分および秋分，線 c が夏至の太陽の動きであることがわかる。
(4)**図2**で，9 月中旬の地球はうお座の上の位置，3 か月後の冬至のころはふたご座の左の位置となる。このとき真夜中の東の方角にはおとめ座が，西の方角にはうお座が見える。

2 (1)恒星のまわりを公転し，恒星からの光を反射して光っている天体を**惑星**という。
(2) 1 時間に15度移動するから，2 時間で30度になる。
(3)地球に近い位置の金星は大きく見え，欠け方も大きい。
(4)問題の図からわかるように，金星は地球の内側を公転していて，金星が地球をはさんで太陽と反対の位置にくることはない。

絶対暗記

星の運動

○ **日周運動**…1 日に360度，1 時間に15度，東から西へ動く。
○ **年周運動**…1 年に360度，1 日に1度，1 か月に30度，東から西へ動く。

3 (1)北極星は，地球の地軸を北極方向へ延長した線と天球の交点（天の北極）の近くにあるため，ほとんど移動しないように見える。
(2) B の観察をした日の午後 8 時に，カシオペヤ座がどの位置に見えていたかを考える。午後 8 時は，午後11時の 3 時間前にあたる。星座は北の空では 1 時間に15度，反時計回りに移動することから，午後 8 時には15度×3＝45度で，B の位置より45度時計回りに戻った位置にあったと考えられる。その位置

は，Aの位置からは135度－45度＝90度の位置となる。北の空の星座は1か月に30度反時計回りに移動することから，90度÷30度＝3で，Bの観察をした日は，Aの観察をした日の3か月後であることがわかる。

> **ミス注意！** Aを観察した時刻と，Bを観察した時刻が同じでないことに注意する。まず，同じ時刻で観察したときの角度のずれが何度になるかを求めること。

総仕上げテスト

▶p.44〜47

1 (1)イ

(2)化学式…CO_2
　　はたらき…呼吸

(3)BTB液の色の変化が空気だけによる影響でないことを確かめるため。

(4)光合成によって吸収されているので，二酸化炭素がふえず，BTB液が酸性にならなかったから。

2 (1)クロウンモ　(2)等粒状組織

(3)石基　(4)ア・エ

(5)溶岩のねばりけがちがうため。（溶岩のねばりけが強いと傾斜が急になり，ねばりけが弱いと傾斜がゆるやかになる。）

3 (1)対立形質　(2)Rr　(3)100%

4 (1)ウ　(2)午後10時ごろ

(3)うお座

5 (1)ウ

(2)① 標高…1100 m
　　　温度… 2℃

　　②34.4%

解　説

1 (1)BTB液は，**酸性で黄色**，**中性で緑色**，**アルカリ性で青色**に変化する性質をもつ。Bの袋の気体を通したときには，緑色から黄色に変化していることから，中性から酸性になったことがわかる。

(2) Bの袋に入れたモヤシには葉緑体がないので，日光があたっても光合成は行われない。ただし，呼吸はつねに行われ

ているので, Bの袋の中では, 酸素が減って二酸化炭素がふえている。二酸化炭素の化学式はCO_2である。二酸化炭素が水に溶けると, 酸性の水溶液(炭酸水)ができる。そのため, BTB液は黄色に変化したのである。

(3) 比較のために, 調べようとすることがら以外の条件を同じにして行う実験を**対照実験**という。

(4) Aの袋のホウレンソウも呼吸を行っていて二酸化炭素を放出しているが, 同時に光合成も行っているため, 呼吸で放出された二酸化炭素も光合成のために使われている。そのため, 袋の中の二酸化炭素がふえず, BTB液の色は変化しなかったのである。

> **ミス注意!** モヤシは, 豆類などの種子を暗所で発芽させたもので, 葉緑体がない。よって, 光にあてても光合成を行わない。

2 (1) 火成岩Xは白っぽい深成岩で, 花こう岩である。花こう岩に含まれる有色鉱物はクロウンモで, うすくはがれる性質をもっている。

(2) 深成岩はマグマが地下深くでゆっくり冷え固まった岩石で, それぞれの鉱物の結晶が大きく成長している。

(3) 大きな結晶になれなかった部分である。

(4) 火成岩Yは斑状組織をした火山岩である。マグマが地表か, 地表付近の浅い地下で急激に冷え固まってできた岩石である。

(5) ねばりけの強い溶岩でできた火山は傾斜が急なおわんをふせたような形の火山になり, ねばりけの少ない溶岩でできた火山は傾斜がゆるやかな皿をふせたような火山になる。

> **絶対暗記**
>
> **火山の形とマグマの性質**
> ○ **マグマのねばりけが小さい…傾斜がゆるやかな火山。** おだやかに溶岩が流れ出る噴火。黒っぽい色の火成岩。
> ○ **マグマのねばりけが大きい…ドーム状にもり上がった火山。激しい噴火。白っぽい色の火成岩。**

3 (1) マツバボタンの花の色の赤色と白色のように, どちらか一方しか現れない形質どうしを, **対立形質**という。

(2) 孫に白色の花をさかせる個体(rr)ができている。Yは赤色の花の純系なので遺伝子の組み合わせはRRである。孫に白色の花をさかせるものができるためには, Xはr遺伝子をもたなくてはいけない。また, Xは赤色の花であるため, Rの遺伝子ももつことから, Xの遺伝子の組み合わせはRrとなる。

> **ミス注意!** 交配をして子に潜性の形質が現れるときは, 顕性の形質をもつ親でも, 潜性の形質を示す遺伝子をもっている。

(3) Zの親の遺伝子の組み合わせは, 子どもに白色の花ができていることからRrであり, Xからrを, YからRを受けついでいる。したがって, Zがもっている遺伝子RはすべてYから受けついだものである。

遺 伝

○ **純系**…同じ形質の個体をかけ合わせたとき，世代を重ねてもつねに同じ形質の個体ができるもの。

○ **対立形質**…同時に現れない２つの形質。

○ **顕性の形質**…対立形質をもつ純系どうしをかけ合わせたとき，子に現れる形質。

○ **潜性の形質**…対立形質をもつ純系どうしをかけ合わせたとき，子に現れない形質。

○ **分離の法則**…対になっている親の遺伝子は，減数分裂の結果，別れて別々の生殖細胞に入ること。

4 (1)北極星の見える位置は地軸の北の延長にあり，地軸は，公転面の垂線から23.4度傾いている。真夜中に南の空に見える星座から，**A**は冬至の日の位置，**B**は夏至の日の位置とわかる。よって，地軸の傾きは北極側が左に傾いた向きとなる。

(2) 1か月後の同じ時刻におとめ座を観察すると，30度西寄りの位置に見える。星座は1時間で15度西へ移動するので，1か月前の午前0時と同じ場所におとめ座が見えるのは，$30° \div 15° = 2$で，2時間前の午後10時ごろである。

(3)**図2**の月は上弦の月である。上弦の月が南の空に見えるのは，午後6時ごろである。午後6時ごろに南の空に見える星座はうお座である。

> **ミス注意！** 月が南の空に見えるのが何時ごろであるのかを，まず考える。月は，満月，上弦の月，下弦の月などの見え方によって，南の空に見える時刻がちがうので注意する。

5 (1)気圧は，上空へいくほど低い。そのため，空気のかたまりが上昇すると膨張して体積が大きくなる。体積が大きくなると温度は下がる。

(2)①地点**A**の気温は16℃，湿度は50%である。これと表の16℃での飽和水蒸気量13.6g/m³より，地点**A**での水蒸気量は，$13.6 \times \dfrac{50}{100} = 6.8$〔g/m³〕 水蒸気量が6.8g/m³のとき露点となる温度は表より5℃で，地点**A**より$16 - 5 = 11$〔℃〕低い。空気のかたまりは100m上昇するごとに温度が1℃下がるので，11℃下がるのは1100mの地点である。この地点から山頂までは600mある。露点に達した空気は100m上昇するごとに0.5℃下がるので，山頂まで空気が上昇すると，

$$600 \times \dfrac{0.5}{100} = 3 〔℃〕$$ 下がるので，

$5 - 3 = 2$〔℃〕 となる。

> **ミス注意！** 水蒸気量が飽和水蒸気量になったときの温度が露点である。

②山頂での水蒸気量は，2℃での飽和水蒸気量なので，5.6g/m³である。山頂の空気のかたまりが，標高が1700m低い地点**B**に到達すると，100m下降するごとに温度が1℃上昇することから，17℃上昇し，19℃になる。19℃での飽和水蒸気量16.3g/m³より，湿度は

$$\dfrac{5.6〔g/m^3〕}{16.3〔g/m^3〕} \times 100 = 34.35\cdots$$

よって34.4%となる。

15